云南省高校林木生物技术重点实验室资助（项目编号：05000/51700201）

材用云南松种质资源保存与评价

王晓丽　曹子林　李昆　王昌命　高成杰　著

中国林业出版社
IIᴄF PH II China Forestry Publishing House

图书在版编目（CIP）数据

材用云南松种质资源保存与评价 / 王晓丽等著. --
北京 : 中国林业出版社, 2020.11
　　ISBN 978-7-5219-0885-5

　　Ⅰ. ①材… Ⅱ. ①王… Ⅲ. ①云南松—种质资源—种
质保存②云南松—种质资源—评价 Ⅳ. ①S791.257

　　中国版本图书馆CIP数据核字（2020）第210567号

材用云南松种质资源保存与评价

CAIYONG YUNNANSONG ZHONGZHI ZIYUAN BAOCUN YU PINGJIA

责任编辑　孙　瑶

出　　版	中国林业出版社　（100009　北京市西城区刘海胡同7号）
	http://www.forestry.gov.cn/lycb.html　　010-83143629
印　　刷	中林科印文化发展（北京）有限公司
版　　次	2020年12月第1版
印　　次	2020年12月第1次印刷
开　　本	787mm×1092mm　1/16
印　　张	9　彩插2
字　　数	220千字
定　　价	80.00元

前　言

云南松（*Pinus yunnanensis*）作为我国西南地区特有的用材树种，其林分衰退问题日渐突出，优良种质资源的保存成为当前亟须解决的问题。根据用材树种的培育目的，本书着重选择野外采样时容易鉴别的干形指标（干形通直圆满）、生长形质特征指标（枝下高）和树冠形态特征指标（冠径）作为材用云南松种质界定的依据，选取材用云南松天然居群，采集样本，分别分析其表型和分子遗传多样性，探讨其异地保存（核心种质构建）和原地保存策略，构建出包含一定数量样株的核心种质库及原地保存群体，实现了材用云南松优良种质资源保存的目的和要求。在此基础上，通过测定分析材用云南松核心种质库中种质材料子代的生长表型性状，对材用云南松种质材料开展超级苗初步选育研究，在探讨超级苗选育策略的同时，获得了一定数量的超级苗，为进一步定植超级苗构建异地保存林提供基础材料，解决了材用云南松种质资源长期异地保存的问题。云南岩溶地区是云南松天然林分布的主要区域之一，云南松在岩溶生境中具有较强的协同适应性，为进一步对材用云南松种质资源进行评价和利用，本书以材用云南松核心种质库中保存的不同地理种源种质材料子代为试材，对苗木开展干旱胁迫处理，分析岩溶生境的主要因素之一干旱胁迫对不同地理种源材用云南松苗木形态指标和生物量的影响，筛选出抗旱能力较强的种源，为岩溶生境下材用云南松人工林的营造提供合适的种源材料支撑。本书通过收集、保存和评价材用云南松种质资源，为发展优质、高产、高效云南松林奠定基础。

本研究工作得到西南林业大学李根前教授、何承忠教授、许玉兰教授、王雷光副教授和张王菲副教授的指导与帮助；西南林业大学林学专业 2014 级本科生孙继伟、王瑞、马金林、郑元煕、张吉星、马晓明等同学参与了野外调查、样品采集、内业实验和数据分析等具体工作；中国林业科学研究院资源昆虫研究所张春华博士，西南林业大学李贤忠教授、石卓功教授、王连春副教授以及采样点所涉及区域林业局、林场、林业研究所等单位和工作人员等在野外样品采集工作中给予了大力支持和帮助，在此一并感谢。

由于作者水平所限，书中疏漏和不足之处，敬请读者批评指正。

王晓丽

2020 年 11 月于昆明

目　录

绪　论

1.1 林木种质资源保存

1.1.1 林木种质资源保存的意义和方法

林木种质资源是指森林树种从亲代传递给后代的遗传物质的总体，包括原种的综合体（种群）、群体、家系、个体和特定性状（形态适应性、丰产性和抗逆性等）的遗传物质，林木种质资源是发展优质、高产、高效林业的基础，也是建立良好生态系统的基础（云南省林业厅，1996）。许多树种具有多种用途，在进行遗传资源选择、遗传改良和遗传育种中，除了考虑其生态适应性和抗逆性以外，还要根据培育目的选择相应的性状指标，如用材树种要着重于速生性、干形指标（云南省林业厅，1996）。森林树种种质资源在森林树种育种、培育及其他相关研究领域中起着重要的作用，因此，可以通过收集、保存、评价和利用树种种质资源实现其育种和培育的目标。森林树种种质资源保存的主要方法有原地保存、异地保存和设备保存，广义来讲，异地保存包括设备保存。原地保存和异地保存相互补充（顾万春 等，1998）。原地保存可在以生产或保护为目的的森林（既可以是天然更新的野生群体，也可以是经栽植或直播造林产生的继代群体）中，勘定出界线，保存足够大的样本，维持种内群体的变异，产生繁殖材料；异地保存包括异地保存林、核心种质（育种材料库）、植物园等活体动态保存以及种子库保存、花粉、组织保存等，能将种质资源的保存、评价、利用和生产有效结合起来（顾万春 等，1998）。

1.1.2 林木种质资源异地保存（核心种质构建）策略研究进展

核心种质是一种非常重要的林木种质资源异地保存方式。1984 年，Frankel 首先提出 Core collection（核心种质）的概念，即依据一定的方法和策略，从整体种质资源中选出一部分样本，以最小的种质资源数量、最大程度地代表整体种质资源的多样性和整个群体的地理分布。1989 年，Brown 等拓展了核心种质的概念，不仅强调了核心种质库的构成，还提出了保留种质（reserve collection），以便更好地进行种质的保存、评价与利用。1999 年，李自超等完善了核心种质的概念，提出核心种质不仅应该包含用最少的种质资源数量、最大程度地来代表其遗传多样性，还应该包含生产实践中涉及的优异的基因和农艺性状。

林木核心种质的构建不同于农作物品种核心种质的构建，因此所采用的策略和方法是有所差异的。核心种质研究的关键技术和主要内容是找出其有效的构建策略和方法，此部分的探讨主要包括以下 3 个方面：数据类型、抽样策略和检测评价。

1.1.2.1 林木核心种质构建的数据类型

构建核心种质的数据类型有五种：形态性状数据、分子标记数据、基因型值数据、整合形态性状数据和分子标记数据、整合基因型值数据和分子标记数据（刘宁宁，2007）。

前两类数据通常被众多学者所广泛使用。农艺形态等性状数据一直以来都是构建核心种质的常用数据，Reddy *et al.*（2005）依据 14 个数量性状，构建了木豆（*Cajanus cajan*）核心种质。Upadhyaya, *et al.*（2007）依据 18 个质量性状和 16 个数量性状的表型多样性，构建了木豆核心种质。赵冰等（2007）在 9 个表型性状聚类的基础上，构建了中国蜡梅（*Chimonanthus praecox*）核心种质。魏志刚等（2009）依据白桦（*Betula platyphylla*）的胸径、树高、材积和纤维素含量数据，研究其核心种质构建的适宜取样策略。向青（2012）根据 14 个果实和种子表型性状，构建了三年桐（*Vernicia fordii*）核心种质。李洪果等（2017）利用杜仲（*Eucommia ulmoides*）雌株 27 个表型性状，构建了 46 份杜仲雌株组成的核心种质，可代表 395 份原种质的表型变异特征。但是农艺形态等性状易受气候、地理位置等环境因素影响而有较大波动，分子标记数据能够在较短时间内获得，而且该信息不受植物组织部位或环境效应的影响，可以对农艺形态性状进行有效补充，因此在核心种质构建中已被广泛应用。Zhang *et al.*（2009）利用 SSR 标记数据，构建了日本柿（*Diospyros kaki*）的核心种质。Balas *et al.*（2014）通过 SSR 标记数据，研究无花果（*Ficus carica*）核心种质构建的抽样方法。Thierry *et al.*（2014）根据 13 个微卫星标记分析其遗传多样性，构建了中粒咖啡（*Coffea canephora*）核心种质。杨培奎等（2012）利用 ISSR 分子标记数据，构建了橄榄（*Canarium album*）核心种质。袁海涛（2012）利用 SSR 分子标记数据，构建了野核桃（*Juglans regia*）核心种质。张维瑞等（2012）采用 AFLP 分子标记数据构建了桂花（*Osmanthus fragrans*）核心种质。玉苏甫·阿不力提甫（2014）利用 SRAP 分子标记数据，构建了梨（*Pyrus sinkiangensis*）核心种质。Naoko *et al.*（2015）利用 SSR 分子标记数据，构建了日本柳杉（*Cryptomeria japonica*）核心种质。倪茂磊（2011）利用 SSR 分子标记数据，构建美洲黑杨（*Populus deltoides*）核心种质。杨汉波等（2017）采用 SSR 标记，以 754 份木荷（*Schima superba*）种质资源为试材，构建了 115 份样株组成的木荷核心种质。Santiago *et al.*（2017）利用 SSR 标记，构建了欧洲栗（*Castanea sativa*）核心种质。

采用基因型值构建植物核心种质，可以排除环境或人为因素的干扰，比用表现型值更能反映材料间的差异，因此研究结果更加可靠（Hu *et al.*，2000）。随着统计分析技术的发展，基因型值数据也成为构建核心种质的重要数据来源，但是基因型值数据是通过田间试验，利用混合线性模型方法进行无偏预测获得的，所以利用基因型值数据来构建核心种质主要是在一年生草本植物和农作物。胡晋等（2000）利用棉花（*Gossypium* spp.）的基因型值构建其核心种质。徐海明等（2004）采用棉花基因型值研究其核心种质的构建方法。Li *et al.*（2004）证实基因型值构建的水稻（*Oryza sativa*）核心种质比表现型值构建的核心种质更能代表种质资源的遗传多样性。Xu *et al.*（2006）利用棉花的基因型值构建出其核心种质。林木由于生长周期长，一定程度上限制了其田间试验，导致基因型值数据获得困难，因此，目前未见采用基因型值数据构建林木核心种质的报道。

采用农艺形态等常规性状数据结合分子标记数据构建核心种质，既可以直观的反映种质群体的遗传多样性，又可以细微准确地分辨种质间的遗传差异，使核心种质具有实际应用意义。Guruprasad *et al.*（2014）利用 RAPD、ISSR、SSR 标记和表型性状数据，构建桑（*Morus alba*）核心种质。白卉（2010）依据 SSR 分子标记数据，结合树高、胸径和材积等生长性状，构建了山杨（*Populus davidiana*）核心种质。曾宪君等（2014）采用 13 种表型选优的抽样方法，结合 SSR 分子标记数据，构建了包含 48 份样本的欧洲黑杨（*Populus nigra*）优质核心种质库。但是上述研究皆是先通过表型性状构建初级核心种质，再通过分子标记进行验证和进一步的压缩筛选，是二段式构建，并不是真正意义上的将两类数据有机结合。利用混合遗传距离整合农艺形态等常规性状数据和分子标记数据构建核心种质是将两类数据真正结合，有利于核心种质的构建，目前林木上仅见刘遵春等（2012）以新疆野苹果（*Malus sieversii*）60 份初级核心种质为试材，利用混合遗传距离，构建了 42 份核心种质，该种质很好地代表了原始种质的遗传多样性。

整合基因型值数据和分子标记数据构建植物核心种质，目前报道的研究相对比较少，且相关报道多是关于两类数据整合方法的研究，林木上更是未见有报道。徐海明等（2005）基于整合基因型值数据和分子标记数据以构建水稻核心种质。Wang *et al.*（2006a）一方面探讨基因型值数据和分子标记数据如何进行整合的方法，另一方面检测和评价不同核心种质构建方法的效果。徐海明（2005）提出两种整合数量性状和分子标记信息来构建核心种质的策略。刘宁宁（2007）提出整合基因型值数据和分子标记信息数据评价核心子集的方法。

1.1.2.2 林木核心种质构建的抽样策略

林木核心种质构建的抽样方法研究方面，Diwan, *et al.*（1995）认为分组方法相对于大随机方法来说，其构建的核心种质对整体种质资源的代表性会更好。因此，研究抽样策略，首先要考虑总的种质资源的分组原则和分组方法。常用的分组依据和分组方法包括以下 4 种：按地理及农业生态进行分组、按育种体系进行分组、按分类体系进行分组、按多种数据组合进行分组。分组完成后，接下来就要考虑组内取样策略，组内取样时系统取样明显优于完全随机取样（赵冰，2008）。系统取样分为：等数法、比例法、对数法、多样性指数法和平方根法（Brown，1989；李自超 等，2000；Van Hintum *et al.*，1995）。等数法是在每组中随机选取同样数量的种质材料（此法适用于每组材料数和多样性相同或相近的种质资源）。对数法指组内取样比例是根据各组的材料数的对数值与整体材料数的对数值之比来决定的（此法可以减少多样性的偏离）。比例法是各组的取样比例与组内材料数有关（此法适用于各组材料数相差很多的情况）。平方根法与对数法类似。多样性指数法指组内的取样量由各组多样性所占整体多样性的比例来定，相比而言，该法更为可靠。

系统取样法是来确定各组的取样量的，但是各组具体哪个样品进入核心种质、哪个样品进入保留种质，则是由取样方法来解决的。目前常用的取样方法包括以下五种：多次聚类随机取样、多次聚类偏离度取样、多次聚类优先取样、最小距离逐步取样、改进的最小距离逐步取样（徐海明，2005；王建成，2006；刘宁宁，2007）。多次聚类随机取样法是每聚类一次，随机剔除处于最低分类水平的每组两个个体其中之一；多次聚类优先取样法是每聚类一次，优先选取处于最低分类水平的每组两个个体中具有极端表现的个体；多次聚类偏离度取样法是每聚类一次，在最低分类水平的每组两个个体中选取具有较大平均偏离度的个体；最小距离逐步取样法是根据每次聚类结果，找出遗传距离最小的一个组，随机删除本组中任意一个样品；改进的最小距离逐步取样法是根据每次聚类结果找出遗传距离最小的一个组，分别计算该组中两个样品与种质群体其他样品间的遗传距离之和，删除该组中与种质群体其他样品间的遗传距离之和小的那个样品。改进的最小距离逐步取样法比随机删除更具针对性和可靠性（刘宁宁，2007）。

对试验材料的分析工作完成后，抽样前还要确定抽样比例，抽样比例决定了核心种质库的大小，决定了其能否代表种质资源的多样性。抽样比例过高则核心库中冗余样品多，抽样比例过低则核心库中种质材料流失。前人研究认为，不同植物核心种质的抽样比例应为原群体的 5%~30%，一般是 10% 左右（李自超 等，2000；Li *et al*., 2002）。一般来说，资源量少但是遗传多样性高的群体需要较高的抽样比例，反之则需要较低的抽样比例，例如沈进等（2008）以 135 份石榴（*Punica granatum*）为试材，构建石榴核心种质，其抽样比例 30.4%，袁海涛等（2012）以 4457 份野核桃为试材，构建野核桃核心种质，其抽样比例为 9.6%。可见，植物核心种质的总体抽样比例与其整个种质资源库的大小和其遗传多样性的高低有关，由于不同植物种遗传多样性存在较大的差异，或同一植物种样品收集程度存在较大的差异，所以不同核心种质构建中对总体抽样比例的确定不能简单化，对不同的种质资源，核心种质规模需根据实际情况作相应的调整。

遗传距离是评价两个种质之间遗传关系的依据，同时也是聚类分析的基础。常用的基于数量性状数据的遗传距离计算方法包括欧氏距离、标准欧氏距离、马氏距离和曼哈顿距离，其中欧氏距离和马氏距离又更为常用（徐海明，2005；王建成，2006）。基于分子标记数据的遗传距离计算方法包括 Nei's 遗传距离（Nei *et al*., 1979；Dice，1945）、Jaccard 遗传距离（Gower，1971；Jaccard，1900；Jaccard，1908）、Sokal–Michener 遗传距离（Sokal *et al*., 1961；Sokal *et al*., 1958）、D_m 遗传距离（刘遵春，2012；Wang *et al*., 2007），目前遗传多样性分子标记数据遗传距离的计算几乎全部都是用的 Nei's 遗传距离且核心种质构建中分子标记数据遗传距离的计算也大抵如此（Xu，2016；Zhang *et al*., 2009；Balas *et al*., 2014；Thierry *et al*., 2014；杨培奎 等，2012；袁海涛 等，2012；张维瑞 等，2012；玉苏甫·阿不力提甫，2014；Naoko *et al*., 2015；倪茂磊，2011；Guruprasad *et al*., 2014；曾宪君 等，2014；白卉，2010；杨汉波 等，2017）。基于整合数量性状和分子标记数据的遗传距离计算方法有徐海明（2005）提出的等权整合方法和主成分标准化变换整合方法，王建成（2006）和 Wang *et al*.（2007）提出的混合遗传距离的计算方法，刘宁宁（2007）采用混合遗传距离的计算方法构建了水稻的核心种质。上述 3 种方法皆是在农作物核心种质构建方法研究中提出的，且方法中的数量性状数据皆是基因型值，由于林木基因型值数据获得困难，限制了上述方法的使用，同时也限制了整合数量性状和分子标记数据这一数据类型构建林木核心种质的研究。数量性状数据包括表现型值和基因型值，虽然林木基因型值获得困难，但其表现型值容易获得，如果可以借鉴农作物整合基因型值和分子标记数据的遗传距离计算方法，得到林木整合表现型值和分子标记数据的遗传距离计算方法，那么对林木核心种质构建方法研究来说，将是一个重要的突破。刘遵春等（2012）在新疆野苹果核心种质构建研究中，参考 Wang et al.（2007）的方法，分别提出了农艺性状表型值遗传距离、分子标记遗传距离、整合表型值和分子标记的混合遗传距离的计算方法，比较基于三类数据及其相应的遗传距离所构建的核心种质对原种质的代表性，认为基于整合数据类型及其方法构建的核心种质比单独使用一种数据类型及其方法构建的核心种质更为可靠。这是林木整合表现型值和分子标记数据构建核心种质的尝试和探索，为更好的构建林木核心种质提供了思路和方法借鉴。

基于遗传距离构建核心种质时，根据类间距离计算方法的不同有多种不同的聚类方法（Sorensen，1948；Sokal et al.，1958；Ward，1963）：不加权类平均法、最长距离法、离差平方和法、最短距离法、中间距离法、加权配对算术平均法、重心法。其中不加权类平均法、最短距离法、离差平方和法和最长距离法四种聚类方法更为常用（王建成，2006；刘宁宁，2007）。王建成（2006）采用最小距离逐步取样法构建棉花核心种质过程中，比较了最短距离法、最长距离法、不加权类平均法和离差平方和法四种聚类方法的有效性，发现四种聚类方法构建的棉花核心子集皆很好地保留了原始群体的遗传变异结构。刘宁宁（2007）利用改进的最小距离逐步取样法构建棉花核心种质过程中，比较了最短距离法、最长距离法、不加权类平均法和离差平方和法四种聚类方法的有效性，得出与王建成类似的研究结果。目前遗传多样性聚类分析及核心种质构建中几乎都是用的不加权类平均法（许玉兰，2015；Xu, et al.，2016；玉苏甫·阿力提甫，2014；Naoko et al.，2015；倪茂磊，2011；Guruprasad et al.，2014；曾宪君 等，2014；白卉，2010；杨汉波 等，2017）。

1.1.2.3　林木核心种质构建的检测评价

根据构建核心种质的数据类型，其检测评价可以分三种情况进行，第一种是对连续性数据进行评价，第二种是对间断性数据进行评价，第三种是对连续性数据和间断性数据整合后的数据进行评价。

连续性数据一般包括农艺形态等数量性状数据（株高、叶长、千粒重等）、部分品质性状（纤维长度、蛋白质含量等）、部分生理生化指标（叶绿素含量、可溶性糖含量等）。对于连续性数据，Hu et al.（2000）认为可以通过以下指标对核心种质的代表性进行检测评价：极差符合率、方差差异百分率、均值差异百分率和变异系数变化率。Hu et al.（2000）提出如果构建的核心种质同时符合两个条件，即可认定该核心种质能够代表原种质的遗传多样性和遗传结构，这两个条件为：均值差异百分率 ≤ 20%，极差符合率 ≥ 80%。Malosetti et al.（2001）在构建玉米（Zea mays）核心种质时，将极差作为主要评价指标。Rodino et al.（2003）在构建大豆（Glycine max）核心种质中，将均值、极差作为主要评价指标。张洪亮等（2003）在构建中国地方稻种核心种质时，比较了8个评价指标，认为表型保留比例为评价核心种质有效性和抽样比例的主要评价指标，表型频率方差及变异系数为评价取样方法优劣的主要指标。王建成等（2007）认为极差符合率是评价核心种质代表性的首选指标，变异系数变化率是评价核心种质变异程度的主要指标，均值差异百分率是评价核心种质是否具有代表性的判定指标。

间断性数据一般包括形态性状中的质量性状（叶型、果型等）、分子标记数据（SRAP、AFLP、SSR 等）。孙传清等（2001）利用 RFLP 分子标记，采用等位基因数、多态位点数、平均基因多样性和基因型数来检测水稻的遗传多样性。徐海明（2005）采用平均 Shannon-Weaver 多样性指数、多态位点百分率、标记频率差异百分率、平均有效等位基因数和平均期望杂合度来评价核心种质库的分子标记遗传多样性。王建成等（2007）在对间断性数据的多样性评价参数进行对比分析后认为，平均 Simpson 指数、平均多态信息含量和平均 Shannon-weaver 多样性指数 3 个参数，具有较好的敏感性、有效性和稳定性。

连续性数据和间断性数据整合后的数据是指通过分级的方法将连续性数据转化为间断性数据，再通过一定的方法与其他间断性数据整合在一起，形成的用于核心种质构建的数据。该类数据主要包括农艺等形态数量性状与质量性状的整合、基因型值与分子标记的整合、表现型值和分子标记的整合。崔艳华等（2004）对黄淮夏大豆核心种质的代表性评价时，将 5 个数量性状数据转化为划分成 10 个等级的间断性数据，再与其他质量性状数据整合，来评价核心种质。韩立德等（2006）以 0.5 个标准差为间距将菜用大豆种质划分为 10组，使数量性状数据转化为质量性状数据，并评价核心种质的代表性。刘宁宁（2007）在水稻基因型值和分子标记信息整合评价中提出了该类整合数据的评价方法：对基因型值数据分级转化后的水稻群体，采用 3 个质量性状的评价参数（平均 shannon-weaver 多样性指数、平均多态信息含量、平均 Simpson 指数）对两类质量性状（基因型值信息、分子标记信息）进行分别评价，再将上述两类性状的同一评价参数数值进行平均，该平均值则作为水稻两类性状的混合评价参数。刘遵春等（2012）整合表现型值和分子标记数据，采用混合遗传距离，构建新疆野苹果的核心种质库时，分别从质量性状和数量性状两个方面，采用其各自数据类型的检测评价指标，对所构建的核心种质分别独立检测评价。

1.1.3 林木种质资源原地保存策略研究进展

目前，国内外公认的森林树种种质资源保育有两类基本的策略，即原地保存和异地保存（郭起荣，2006）。原地保存，意味着保持种群继续在其起源进化的环境中，也称就地保护。此种保存方式虽然比较被动，但是其保存成本低。在一些特殊生境或森林生态系统中，诸如我国西南地区的中高山，其林木种质资源保存最适宜的策略就是原地保存（顾万春，1999）。

1.1.3.1 遗传标记捕获曲线的建立

根据试验得到的遗传标记捕获曲线和模型，可以获得树种必需保存的最少群体样本量和群体内的个体样本量，能在实际限制范围内达到种质资源原地保存的目的和精度要求（顾万春等，1998），因此，遗传标记捕获曲线成为林木种质资源原地保存策略研究的关键。Zin Suh *et al.* 1994 年分别以红松（*Pinus koraiensis*）、赤松（*Pinus densiflora*）、黑松（*Pinus thunbergii*）为研究对象，基于同工酶遗传标记数据，采用多项式回归统计分析，建立以多态位点百分率数量增长与随机抽样的群体或个体的数量相关的遗传标记捕获曲线，探讨原地保存的群体间与群体内的样本策略，最终确定：赤松的原地保存中，群体样本量 14 个，每群体保存 25 株，每群体原地保存面积 3.0hm² ；红松的原地保存中，群体样本量 7 个，每群体保存 25 株，每群体原地保存面积 2.0hm² ；黑松的原地保存中，群体样本量 9 个，每群体保存 25 株，每群体原地保存面积 2.5~3.0hm²（Zin Suh *et al.*，1994 ；顾万春，1998）。宋丛文（2005）基于 RAPD 分子标记数据，对珍稀濒危树种——珙桐（*Davidia involucrata*）进行原地保存的策略研究，根据珙桐群体抽样数和多态位点百分率所建立的捕获曲线确定，珙桐的原地保存中，群体样本量 3 个，每群体保存 30 株，每群体原地保存面积 3.0hm² 是合适的。

1.1.3.2　居群间 Shannon 多样性指数和遗传距离分析

前人在林木种质资源原地保存策略研究中，大多数只是依据遗传标记捕获曲线获得群体与个体的适宜样本量，但其样本是随机抽取的（Zin Suh *et al.*，1994 ；顾万春，1998）。森林种质资源保存不仅应该保留已知价值的种内变异性，还应该尽量保持树种的遗传多样性（顾万春 等，1998）。为了更好地、有针对性地保存树种的遗传多样性，宋丛文（2005）对珙桐原地保存策略研究中，先通过遗传标记捕获曲线确定保存的群体样本量，再根据 RAPD 分子标记获得的遗传距离和遗传丰富度选取群体样本。Shannon 多样性指数反映群体间和群体内遗传多样性的丰富度，通常在数量性状指标和质量性状指标中各自独立评价（赵冰 等，2007 ；刘德浩 等，2013 ；Naoko *et al.*，2015 ；许玉兰，2015，杨汉波 等，2017）。刘宁宁（2007）在核心种质评价检测中提出的整合两类性状的评价方法，采用 Shannon 多样性指数混合评价参数 $M_{mix(1)}$ 来检验遗传多样性，用尽量少的评价参数来更全面地反映和评价植物群体间的遗传多样性。遗传距离反映植物群体间及群体内个体间的遗传关系的远近，与 Shannon 多样性指数类似，通常也是在数量性状指标和质量性状指标中各自独立评价（刘德浩 等，2013 ；赵冰 等，2007 ；许玉兰，2015 ；Naoko *et al.*，2015）。Wang *et al.*（2007）和刘遵春等（2012）提出了整合表型性状和分子标记数据的混合遗传距离计算方法，分析群体间遗传关系的大小。居群间 Shannon 多样性指数的混合评价参数和混合遗传距离分析由于整合了数量性状和质量性状，其对树种群体间的遗传多样性评价较单独使用质量性状或数量性状更全面。因此，可依据居群间 Shannon 多样性指数的混合评价参数和混合遗传距离分析来确定树种原地保存时的保存群体。目前，未见对云南松种质资源原地保存关键技术（样本量策略和保存群体策略）方面的相关研究。

1.2　云南松种质资源现状及其遗传多样性

1.2.1　云南松种质资源现状及其分布

云南松为常绿针叶乔木，高可达 30m，胸径达 1m，适应性和天然更新能力都很强（云南省林业厅，1996）。云南松是我国西南地区特有的用材树种，以云南省为分布中心，四川的西南部、西藏的东南部、贵州和广西的西部皆有分布，在我国西南地区形成了大面积的天然林和人工林，是一个生态、经济和社会效益高的树种（金振洲 等，2004）。根据针叶、球果和干形等特征将云南松划分为一个原种——云南松、两个变种——细叶云南松（*Pinus yunnanensis* var. *tenuifolia*）和地盘松（*Pinus yunnanensis* var. *pygmaea*）（灌丛状的云南松）以及一个变型——扭松（树干扭曲的云南松）（金振洲 等，2004；许玉兰，2015）。但是天然林由于之前的人为粗放择伐等活动，人工林由于采种的人为负向选择或造林用种质来源不清楚，导致林分中弯曲、扭曲、低矮等不良个体的比例较大，甚至形成较大面积的地盘松林和扭松纯林，地盘松无材用价值，扭松的劣性材质，致使其材用价值极低（金振洲 等，2004；许玉兰，2015；邓官育，1980）。同时云南松的种子产量高、传播能力强，具有"飞籽成林"的能力（中国科学院昆明植物研究所，1986；中国科学院中国植物志编辑委员会，1978），因此造成云南松林分衰退问题日渐突出（蔡年辉 等，2016；王磊 等，2018）。

1.2.2　云南松种质资源遗传多样性研究进展

树种的遗传多样性是其原地保存和异地保存的群体间及群体内的样本策略研究的基础，以往诸多学者从云南松表型多样性、染色体水平遗传多样性、生化水平遗传多样性和 DNA 水平遗传多样性等方面入手，就云南松种质资源遗传多样性研究做了很多的工作。

1.2.2.1　云南松表型多样性研究

通过林木形态性状研究其遗传变异是一种简便、易行且快速的手段。任何一个云南松林分，多态现象都是很明显的。黄瑞复（1993）和金振洲等（2004）从云南松的分枝，与主干间的夹角，冬芽的情况，树皮的颜色，针叶数量、长度等方面介绍了云南松的形态多态性。虞泓等（1996；1998a；1999）对滇中地区云南松不同居群的针叶、树皮、球果、韧皮部、小孢子叶球及花粉、雄球花、种子及种翅等进行系统地研究后发现，云南松居群具有较高的遗传多样性，各居群间和居群内在形态变异上表现出明显的多样性，云南松是松属中分化较为突出的种类，云南松雄球花的变异性与生态环境相关，更与居群的遗传结构相关。王昌命等（2003；2004；2009a；2009b）对分布在滇东南、滇中以及滇西北地区的云南松居群进行研究，发现云南松居群林木针叶形态与结构特征皆表现多态性，指出随着纬度的增加、海拔的升高，云南松居群林木茎干和芽的形态结构特征皆表现出多态性。尹擎等（1995）通过云南松种源试验，发现各种源间的生长差异极为显著。金振洲和彭鉴（2004）以云南松诸生产力指标和产生地带性差异的环境因子为基础，采用欧氏距离，作系统聚类分析，对云南松进行了种源区划。

1.2.2.2　云南松染色体水平遗传多样性研究

染色体核型分析是细胞遗传学和现代分类学的重要研究手段，云南松天然居群遗传关系研究在此方面也开展了相应的工作。虞泓、黄瑞复（1998）通过研究滇西南、滇中、滇东南和桂西 6 个云南松天然居群的核型变异，认为居群间变异不显著，云南松核型变异的情况与整个松属的变异趋势大体相同。通过巢式方差等级分析，表明云南松染色体结构变异来源于居群间的有 10% 左右，来源居群内个体间或者细胞间的有 90% 左右。对染色体的分化系数的分析表明，居群的地理分布越近，居群间的遗传距离越近，则居群间的分化越小，反之地理分布越远的居群，则居群间的遗传距离越大，居群间的分化也越大。徐进等（1999）利用荧光试剂 CMA、DAPI 研究油松、云南松染色体的荧光带型。根据荧光带型判断认为在赤松亚组中，云南松与其他松树之间的亲缘关系较远。

1.2.2.3　云南松生化水平遗传多样性研究

生物化学分析用于云南松天然居群的研究主要体现在同工酶（过氧化物酶、酯酶和酸性磷酸酶等）方面。陈坤荣等（1994）对云南松、思茅松（*Pinus kesiya* var. *langbianensis*）和地盘松种子的同工酶研究发现，3 种种子的过氧化物酶、酯酶和酸性磷酸酶的同工酶谱均有明显的差异，认为酯酶酶谱和酸性磷酸酶酶谱可作为鉴别此 3 种种子的生理指标。李启任等（1984a；1984b）通过过氧化物酶同工酶研究云南松、细叶云南松、扭松、思茅松、地盘松、马尾松（*Pinus massoniana*）等松属植物间的亲缘关系，认为云南松与地盘松的亲缘关系更为密切，云南松和思茅松酶谱差异明显，云南松和马尾松酶谱很相似。虞泓（1996；1999）通过对云南省和桂西分布的 15 个云南松天然居群 33 个等位酶位点的研究发现，云南松居群的遗传多样性较高，居群间遗传分化系数最大，居群内的遗传变异为 86.6%，居群间的遗传变异为 13.4%，揭示了云南松居群酶位点及其等位基因带谱的变异式样。

1.2.2.4　云南松 DNA 水平遗传多样性研究

随着研究技术的不断发展和进步，利用分子生物学技术来探讨云南松居群遗传关系的研究不断涌现。Wang 等（1990a；1990b；1994）通过分子标记证实高山松（*Pinus densata*）是起源于云南松和油松的杂交种。刘占林等（2007）通过利用 cpSSR、AFLP 分子标记，比较了巴山松（*Pinus tabuliformis* var. *henryi*）、黄山松（*Pinus taiwanensis*）、油松、马尾松、云南松的遗传多样性，结果表明 5 种松树皆呈现较高的遗传多样性及种间分化，但云南松的遗传多样性在 5 种松树中最低。张浩（2008）通过利用 cpDNA、mtDNA、nDNA 的 12 种 DNA 序列分析，发现油松与云南松的亲缘关系最近。杨章旗等（2014）利用 SSR 标记分析细叶云南松群体遗传多样性，认为群体间的多态性水平差异不大，群体间存在比较充分的基因交流。Wang（2013）通过利用 mtDNA 的 3 个片段和 cpDNA 的 5 个微卫星位点分析了分布于云南省、川西南和桂西 16 个云南松居群的 255 个个体的单倍型组成，发现居群间的线粒体 DNA 多态性远远高于居群内，居群间遗传分化系数很大，但是居群间的叶绿体 DNA 多态性与居群内的相近，居群间遗传分化系数比较小。Xu *et al.*（2016）以云南省范围内分布的 20 个云南松天然居群作为研究对象，利用 7 对 SSR 引物分析其遗传多样性，认为大多数遗传多样性是在种群内，整体遗传分化低，不具有明显的地理隔离，20 个群体可分为 2 大类，最南端的两个群体聚为一类。许玉兰（2015）对云南省范围内分布的 20 个云南松天然居群的多样性与环境因子进行相关性分析，发现云南松 SSR 分子标记多样性指标表现为低纬度、低海拔、温暖和降水量多的环境其遗传多样性丰富。许玉兰等（2017）采用 SSR 分子标记分析了云南松及其近缘种的遗传关系，认为思茅松群体遗传多样性较高，细叶云南松较低，云南松与扭松的遗传关系最近。

　　综上所述，虽然前人在云南松遗传多样性的研究方面做了很多的工作，但是这些研究主要用于分析云南松及其近缘种的亲缘关系和系统进化，未见云南松种质资源原地保存和异地保存样本策略方面的研究，并且前人关于云南松遗传多样性的研究，所用样品不管来自于较少的居群（3~10 个），还是较多的居群（15~20 个），其所选居群皆来自于云南松自然分布区的部分区域，且大部为云南区域居群，而未见关于云南松全分布区的此方面的相关研究。

1.3　表型性状在林木遗传多样性研究中的应用

　　目前可从形态学水平、细胞学水平、生理生化水平和分子水平来检测植物遗传多样性，虽然任何一种检测方法都存在其局限性，但每种方法都能从各自的角度提供有价值的变异信息，以阐释植物遗传多样性。表型性状因其易于鉴别、测定简单直接、获取成本低等特点，现在依然是林木遗传多样性研究最直观、最简单和最常用的方法。刘思汝（2016）通过分析柠檬桉（*Corymbia citriodora*）苗木和幼树叶部、茎部形态及生长指标变异情况，探讨其表型性状在种源间和家系间的遗传多样性；对皂荚（*Gleditsia sinensis*）、山西脱皮榆（*Ulmus lamellosa*）和云南松等林木的表型遗传多样性研究认为，群体内的变异大于群体间的变异（李伟 等，2013；郑昕 等，2013；许玉兰，2015）；对思茅松、砂生槐（*Sophora moorcroftiana*）、五角枫（*Acer elegantulum*）、云杉（*Picea asperata*）和云南松等林木的茎、叶及种实表型性状的分析表明，有些表型性状变异受环境因素的影响较大（李帅锋 等，2013；林玲 等，2014；姬志峰 等，2012；贾子瑞 等，2011；王昌命 等，2004，2009a）；对尾叶桉（*Eucalyptus urophylla*）、尾巨桉（*Eucalyptus urophylla* × *E.grandis*）、韦塔桉（*Eucalyptus wetarensis*）、蓝桉（*Eucalyptus globulus*）和直干桉（*Eucalyptus maideni*）等林木的生长指标（树高、胸径、材积等）及形质指标（干形、分枝均匀度等）的研究发现，这些表型性状均受遗传控制，各指标的变异系数幅度范围不等（李淡青 等，2001；李昌荣 等，2014；陆钊华 等，2010；刘德浩 等，2013）。

1.4　SRAP 标记在林木遗传多样性研究中的应用

　　相关序列扩增多态性——SRAP（Sequence related amplified polymorphism）是一种无需任何序列信息即可直接 PCR 扩增的分子标记，通过独特的双引物设计，检测基因组中的 ORFs（开放阅读框）的多态性。该标记具有简便、花费少、标记分布均匀、重复性好等特点，已经越来越多地应用在林木遗传多样性研究方面。Ahmad *et al.*（2004）利用 SRAP 分子标记对桃（*Amygdalus persica*）和油桃（*Prunus persica* var. *nectarina*）品种进行基因分型研究；李永杰等（2012）采用 SRAP 标记分析中国龙血树（*Dracaena draco*）的遗传多样性；黄勇（2013）基于 SRAP 分子标记分析小果油茶（*Camellia meiocarpa*）的遗传多样性；韩欣等（2012）运用 SRAP 标记鉴别赣南油茶（*Camellia oleifera*）良种；

Jatin *et al.*（2017）利用 SRAP 分子标记分析乐园树（*Simarouba glauca*）（苦木科苦楝属）的遗传多样性和遗传结构；Ghafouri *et al.*（2018）基于 SRAP 分子标记分析香桃木（*Myrtus communis*）群体的遗传结构和变异；Peter *et al.*（2018）利用 SRAP 分子标记分析肯尼亚百香果（*Passiflora edulis*）基因型的遗传多样性；玉苏甫·阿不力提甫等（2013）、张捷等（2016）和陈芸等（2016）分别利用 SRAP 分子标记分析新疆梨栽培品种、新疆野核桃和新疆石榴种质资源的遗传多样性；陈丽君等（2016）和廖柏勇等（2016）分别采用 SRAP 分子标记研究苦楝（*Melia azedarach*）的遗传多样性；周鹏等（2016）、向晖等（2016）、漆艳香等（2017）、张小红等（2017）、罗世杏等（2018）和陈倩倩等（2018）分别基于 SRAP 分子标记分析刨花润楠（*Machilus pauhoi*）、锥栗（*Castanea henryi*）、香蕉（*Musa nana*）、甜橄榄、杧果（*Mangifera indica*）和香椿（*Toona sinensis*）种质资源的遗传多样性；李培等（2016）通过 SRAP 标记研究不同种源红椿（*Toona ciliata*）的遗传多样性。目前未见云南松遗传多样性的 SRAP 标记分析。

1.5　林木核心种质构建研究进展

从核心种质概念提出到目前，国内外已有 80 多个植物种构建了 100 多个核心种质，同时针对不同的植物种，摸索出了构建核心种质最佳的方法和策略，建立了比较健全的研究体制和方法。到目前为止，国内外对植物核心种质的研究主要集中在一年生的草本植物和农作物，如芝麻（*Sesamum indicum*）、棉花、大豆、水稻、小麦（*Triticum aestivum*）、花生（*Arachis hypogaea*）、苜蓿（*Medicago sativa*）、黑麦草（*Lolium multiflorum*）、早熟禾（*Poa annua*）等（Tullu *et al.*，2001；Zewdie *et al.*，2004；Upadhyaya *et al.*，2005；Balakrishnan *et al.*，2000；Singh *et al.*，2014；Xu *et al.*，2016；Kobayashi *et al.*，2016；Vaijayanthi *et al.*，2016；James *et al.*，2014；Mariette *et al.*，2017；Young–Joon *et al.*，2018；田郎 等，2003；张秀荣 等，1998；胡晋 等，2000；陈艳秋 等，2002；路颖，2005；姜慧芳 等，2007；张丹，2010；赵枢纽，2015），对多年生的木本植物的研究少且滞后，而且主要集中在经济价值较高的经济林木，如苹果、梨、山楂（*Crataegus pinnatifida*）、石榴、橄榄、咖啡、无花果、枣（*ZiziPhus jujuba*）、野核桃、油桐、蜡梅、桂花、桑树等（Reddy *et al.*，2005；Upadhyaya *et al.*，2007；Zhang *et al.*，2009；Balas *et al.*，2014；Guruprasad *et al.*，2014；Thierry *et al.*，2014；Santiago *et al.*，2017；赵冰 等，2007；沈进 等，2008；高书燕 等，2011；张靖国 等，2011；张维瑞 等，2012；袁海涛 等，2012；刘遵春 等，2012；李洪果 等，2017；张捷 等，2018），用材林木方面的研究更少，只有少数的林木构建了其核心种质，如美洲黑杨、欧洲黑杨、山杨、日本柳杉、白桦、灰楸（*Catalpa fargesii*）等（Naoko *et al.*，2015；魏志刚 等，2009a，2009b；倪茂磊，2011；李秀兰 等，2013；曾宪君 等，2014；方乐成 等，2017；杨汉波 等，2017），未见松类树种核心种质构建方面的相关研究。

1.6 林木超级苗选择研究进展

关于超级苗选择研究，国内主要有西南林业大学、山东省林业科学研究院、福建农林大学等单位从事该方面的研究工作。其中西南林业大学、山东省林业科学研究院侧重于研究超级苗的具体筛选技术和方法（郁万文 等，2016；孙静 等，2017；王好运 等，2017；宋墩福 等，2016；吕学辉 等，2012；王晓丽 等，2018），其他单位侧重研究已有的超级苗和普通苗的生长对比情况及超级苗造林后的生长情况（刘纯鑫 等，1998；马祥庆 等，1993；黄锡山，1998）。前人在银杏（*Ginkgo biloba*）、鹅掌楸（*Liriodendron chinense*）、马尾松（*Pinus massoniana*）、木荷（*Schima superba*）、云南松、火炬松（*Pinus taeda*）、杉木（*Cunninghamia lanceolata*）、湿地松（*Pinus elliottii*）、蓝桉和直干桉等树种上开展了超级苗选择方面的相关研究（郁万文 等，2016；孙静 等，2017；王好运 等，2017；宋墩福 等，2016；吕学辉 等，2012；王晓丽 等，2018；刘纯鑫 等，1998；马祥庆 等，1993；黄锡山，1998），表明苗木的早期选择具有有效性和可行性。

1.7 林木对干旱胁迫响应研究进展

关于林木对干旱胁迫的响应，国内外很多学者已从林木的形态指标、生物量及其分配、生理生化指标等方面开展了大量的研究。植物为了适应水分条件不足的环境，他们的根系往往表现出明显的可调节性，来吸收更多地养分和水分（Fitter，1985；Grime *et al.*，1991）。闫海霞等（2011）发现，轻度和重度干旱胁迫使条墩桑（*Morus alba*）地上部的生物量和总生物量不同程度的下降，根冠比明显提高。酸枣（*Ziziphus jujuba* var. *spinosa*）、油松（*Pinus tabuliformis*）和刺槐（*Robinia pseudoacacia*）等树种受到干旱胁迫后根冠比增大（Xu *et al.*，2010；Ma *et al.*，2009；Zhou *et al.*，2010）。干旱胁迫研究中，已有多种表达式用于表征植物生物量的分配，其中根冠比用得最多，但根冠比将地上部分笼统地概括为一个表征量，忽视了茎和叶在功能上存在着很大的差异，对于许多物种，在生物量分配过程中茎也存在显著变化（张仁和 等，2011）。宇万太等（2001）通过建立剂量响应曲线发现，在适度的水分胁迫下，植物大小变化不大，根质比（RMF）只有稍微提高，只有在严重的干旱环境下，植物会通过减小茎生物量来使根系生物量分配比例得到很大程度的提高。闫海霞等（2011）和陈文荣等（2012）分别从光合生理特性方面研究条墩桑和蓝莓（*Semen trigonellae*）的抗旱生理机理。康文娟等（2014）采用模糊数学隶属函数法对圆齿野鸦椿（*Euscaphis japonica*）苗木抗旱性进行研究；种培芳等（2017）在甘肃旱区5个经济林树种［核桃（*Juglans regia*）、枣（*Ziziphus jujuba*）、枸杞（*Lycium chinense*）、沙棘（*Hippophae rhamnoides*）和花椒（*Zanthoxylum bungeanum*）］的苗期抗旱性综合评价中，采用模糊数学隶属函数法，比较不同树种苗木的抗旱性。

材用云南松种质资源表型多样性

云南松作为我国西南地区特有的用材树种，其林分衰退问题日渐突出，优良种质资源的保存成为当前亟须解决的问题，而优良种质资源的遗传多样性是研究其保存工作的基础。根据用材树种的培育目的，本研究着重选择野外采样时容易鉴别的干形指标（干形通直圆满）、生长形质特征指标（枝下高）和树冠形态特征指标（冠径）作为材用云南松种质界定的依据，选取材用云南松天然居群，采集样本，分别分析其表型和分子遗传多样性，探讨其异地保存（核心种质构建）和原地保存策略。

2.1　研究材料

本研究以云南松种源区划（国家技术监督局，1988；金振洲 等，2004；Wang，2013）为主，结合云南松的地理分布情况，在云南松全分布区内选取干形通直圆满，具有材用代表性的天然居群 26 个，其中南部种源区 9 个（西部亚区 3 个、东部亚区 6 个），中部种源区 13 个（中部亚区 10 个、滇东北亚区 3 个），西北部种源区 3 个，西藏察隅种源区 1 个（表 2-1）。

每个云南松天然居群选取 30 株样株，样株的选取原则为年龄 25~30 年生，干形优良，在林中生长正常的个体，各样株在林中的间隔为 5 倍树高以上（许玉兰，2015；Dangasuk *et al.*，2004；顾万春，2004；Boratynska，2008），用 GPS 定位样株。每样株从树冠中上部生长健壮的枝条上分别采集 2 年生针叶以及当年成熟的球果。每样株采 20 束针叶和 10 个球果，带回实验室，采用自然干燥法脱出种子，测其针叶、球果和种子的表型性状。每样株分别测定其枝下高、长冠径和短冠径。

表 2-1　材用云南松种质资源取样信息

种源区	采样点	采样份数	纬度	经度	海拔（m）
	云南龙陵	30	N24° 25′ 30″	E98° 57′ 14″	1367.4
	云南双江	30	N23° 25′ 13″	E99° 44′ 31″	1244.8
	云南双江	30	N23° 22′ 40″	E99° 46′ 48″	1047.2
	云南马关	30	N23° 2′ 09″	E104° 24′ 14″	1445.6
南部	云南元江	30	N23° 45′ 51″	E102° 1′ 56″	1564.7
	云南富宁	30	N23° 25′ 30″	E105° 21′ 15″	1315.7
	广西乐业	30	N24° 51′ 33″	E106° 19′ 26″	1018.4
	广西乐业	30	N24° 53′ 02″	E106° 17′ 57″	852.1
	广西隆林	30	N24° 41′ 59″	E104° 53′ 56″	1123.7
	云南香格里拉	30	N26° 59′ 52″	E99° 59′ 23″	2178.0
西北部	云南福贡	30	N26° 33′ 18″	E98° 56′ 19″	2397.0
	云南丽江	30	N27° 17′ 40″	E100° 22′ 06″	2867.8

种源区	采样点	采样份数	纬度	经度	海拔（m）
	云南新平	30	N24° 2′ 10″	E101° 46′ 40″	2179.0
	云南曲靖	30	N25° 21′ 32″	E103° 49′ 24″	2121.6
	云南双柏	30	N24° 32′ 59″	E101° 38′ 58″	1785.7
	云南永仁	30	N26° 10′ 30″	E101° 31′ 30″	1615.0
	云南云龙	30	N26° 2′ 02″	E99° 16′ 05″	2452.5
	云南禄丰	30	N25° 14′ 20″	E101° 53′ 20″	2017.5
中部	四川米易	30	N26° 59′ 40″	E102° 0′ 19″	1905.9
	四川西昌	30	N27° 53′ 40″	E102° 6′ 18″	2109.1
	贵州兴义	30	N25° 4′ 13″	E104° 59′ 14″	1206.5
	贵州册亨	30	N24° 50′ 46″	E105° 55′ 48″	792.4
	贵州大方	30	N26° 57′ 32″	E105° 45′ 56″	1248.0
	贵州水城	30	N26° 13′ 60″	E104° 46′ 23″	1634.4
	云南镇雄	30	N27° 22′ 29″	E104° 53′ 28″	1696.5
西藏察隅	西藏察隅	30	N28° 37′ 16″	E97° 19′ 12″	2071.0

2.2　研究方法

2.2.1　表型性状测定

参考许玉兰等关于松类树种针叶和球果表型性状测定的指标和方法（许玉兰，2015；Urbaniak *et al.*，2003），用精度 1mm 的钢直尺测量针叶长、叶鞘长，用精度 0.02mm 的游标卡尺测量针叶宽、针叶束宽，每样株测量 10 束针叶，用精度 0.02mm 的游标卡尺测量球果长、球果直径、种翅长、种翅宽，用精度为 0.1mg 的 FA1004B 电子天平称量球果质量、种子千粒重，每样株测量 10 个球果。参考孟宪宇关于每木调查的方法（孟宪宇，2006），用精度 1cm 皮尺测量枝下高和长、短冠径。本书材用云南松表型性状测定指标体系包括针叶、种实、生长三类共计 18 个数量性状：针叶长、针叶宽、叶鞘长、针叶束宽、针叶长／针叶宽、针叶长／叶鞘长、针叶束宽／针叶宽、球果质量、球果长、球果直径、球果长／球果直径、种翅长、种翅宽、种翅长／种翅宽、千粒重、枝下高、长冠径、短冠径。

2.2.2　数据处理与分析

材用云南松表型性状（针叶、种实和生长）描述统计分析、方差分析和多重比较、变异系数和相对极差分析的参数检验计算，均通过 SPSS 17.0 软件和 EXCEL 2007 完成，多重比较采用 Tukey 法，在 0.05 水平上进行检验（许玉兰，2015）。材用云南松群体间、群体内的方差分量计算，通过 SAS 8.1 软件，利用编辑的巢式设计方差分析程序实现（李斌 等，2002）。材用云南松各性状在群体间的表型分化估算通过 V_{ST}（表型方差分化系数）（葛颂 等，1998）和

P_{ST}（表型频率分化系数）（兰彦平 等，2007；Raeymaekers，2007）来实现。通过 Shannon-weaver 信息指数（H'）分析材用云南松各性状在群体间的多样性变化情况（姚淑均，2013）。材用云南松依据表型性状居群间的聚类分析通过 SPSS 17.0 和 NTSYSpc2.10s 软件实现，利用 SPSS 17.0 软件先对各表型性状实测值进行数据标准化处理，然后根据组间连接法计算成对群体间的欧氏距离，而后得出表型性状相似矩阵，进而利用 NTSYSpc2.10s 软件依据相似矩阵，采用 UPGMA（不加权类平均法）完成聚类（Rohlf，1994）。

$$变异系数 = 标准差 / 平均值 \times 100\% \qquad (2.1)$$

$$相对极差 = 绝对极差 / 平均值 \qquad (2.2)$$

$$V_{ST} = \frac{\sigma^2_{GB}}{\sigma^2_{GB} + \sigma^2_{GW}} \times 100\% \qquad (2.3)$$

其中：

$$P_{ST} = \frac{L_{slt}}{L_t} \qquad (2.4)$$

其中：L_t 为各群体总的表型多样度，L_s 为群体内表型多样度，L_{slt} 为群体间表型多样度，L_t=L_s+L_{slt}。具体计算步骤如下：①参考刘德浩等关于表型性状标准化的方法（刘德浩 等，2013；徐宁 等，2008），对测定的数量性状值按标准差进行数据标准化，做 10 级分级，1 级 ≤ X-2δ，10 级 > X+2δ，中间每级间的差是 0.5δ，X 为性状平均值，δ 为其标准差。②分级统计每个表型性状的频率值。③分别计算群体内的表型多样度和总表型多样度。设：P_{ijk} 是第 i 表型性状第 j 级别在第 k 群体的频率，本研究中 i=1，2，……18，j=1，2，……10，k=1，2，……26；第 i 表型性状在第 k 群体内的表型多样度：$L_{s(ik)}$ = 1−$\sum P^2_{ijk}$；第 i 表型性状在群体内的平均表型多样度：$L_{s(i)}$=$\sum L_{s(ik)}$/26；第 i 表型性状总表型多样度：$L_{t(i)}$=1−$\sum P^2_{ij}$，其中 P_{ij}=$\sum P_{ijk}$/26。④分别计算群体间表型多样度和表型频率分化系数。第 i 表型性状群体间表型多样度：$L_{slt(i)}$=$L_{t(i)}$−$L_{s(i)}$；第 i 表型性状群体间表型频率分化系数：P_{ST}=$L_{slt(i)}$/$L_{t(i)}$；第 i 表型性状群体内表型频率分化系数：P_{ST}=$L_{s(i)}$/$L_{t(i)}$。

$$H' = -\sum_{i=1}^{n} P_i ln P_i \qquad (2.5)$$

其中：P_i 是某性状第 i 级别内样株数量占总样株数量的百分比，n 为某性状数据标准化的级别数。

2.3　结果与分析

2.3.1　云南松各居群 18 个表型性状的变异分析

材用云南松 26 个居群 18 个表型性状的平均值和多重比较结果（表 2-2）表明：18 个表型性状指标在居群间均存在显著差异，但是不同表型性状在居群间的差异性表现不同。综合各指标居群间的最值（最大值和最小值）分析和多重比较认为：针叶长指标中，可以代表其最大值的居群为贵州册亨，可以代表其最小值的居群为云南丽江、云南龙陵和云南马关；针叶宽指标中，可以代表其最大值的居群为云南云龙和云南丽江，可以代表其最小值的居群为云南马

表2-2 材用云南松各居群18个表型性状的平均值和多重比较

群体	针叶长（cm）均值±标准差	针叶宽（mm）均值±标准差	叶鞘长（mm）均值±标准差	针叶束宽（mm）均值±标准差	针叶长/针叶宽 均值±标准差	针叶长/叶鞘长 均值±标准差	针叶束宽/针叶宽 均值±标准差	球果长（mm）均值±标准差	球果直径（mm）均值±标准差
云南永仁	25.76±2.97ab	0.72±0.08b	20.95±2.50b	1.61±0.19a	362.36±51.03de	12.45±2.00de	2.25±0.15c	78.98±8.05a	42.67±3.58a
贵州册享	26.74±3.90a	0.63±0.13cd	17.09±2.85d	1.52±0.33b	441.30±109.86a	15.99±3.12a	2.49±0.62a	69.51±11.76cd	37.63±4.32de
贵州大方	24.83±3.61bc	0.64±0.12cd	19.66±3.55c	1.41±0.25c	397.07±72.87bc	12.92±2.39cd	2.21±0.15cd	69.48±8.65cd	40.36±3.73bc
云南福贡	21.75±2.69e	0.69±0.09bc	21.37±3.00ab	1.46±0.18bc	318.24±39.86f	10.30±1.49g	2.13±0.12de	68.63±9.53cd	37.33±3.55de
云南富宁	25.87±3.89ab	0.72±0.18b	21.86±3.43ab	1.58±0.35ab	371.01±66.47cd	12.06±2.33de	2.22±0.26cd	70.57±11.29cd	40.33±4.85bc
广西隆林	24.66±3.54c	0.66±0.09cd	19.49±2.85c	1.41±0.21c	376.60±52.78cd	12.95±2.68cd	2.14±0.20de	67.58±8.55d	38.16±3.43d
云南丽江	19.83±2.10g	0.77±0.07a	17.32±3.71d	1.64±0.12a	260.23±30.64h	11.85±2.27ef	2.15±0.17de	78.30±12.08a	41.18±4.20b
云南龙陵	19.50±3.09g	0.71±0.17bc	13.75±2.98fg	1.46±0.31bc	288.46±71.30g	14.76±3.77b	2.11±0.34de	52.60±12.39g	29.67±4.73h
广西乐业①	26.22±3.20ab	0.64±0.11cd	19.43±4.06c	1.32±0.23d	415.32±73.16ab	14.17±3.80bc	2.06±0.24e	73.22±8.92bc	38.74±3.29cd
广西乐业②	25.87±4.18ab	0.68±0.14bc	20.58±2.82bc	1.34±0.28cd	391.25±71.30bc	12.75±2.63de	1.99±0.14f	69.58±9.72cd	36.52±3.73e
云南马关	20.66±3.80fg	0.52±0.11g	15.97±3.28e	1.12±0.25f	406.61±86.16bc	13.26±2.65cd	2.16±0.33de	64.32±10.56de	35.39±3.87ef
四川米易	23.87±2.89cd	0.60±0.10e	20.70±2.98b	1.36±0.20cd	409.08±71.01b	11.72±1.88ef	2.30±0.23bc	73.71±10.47bc	39.75±4.13c
云南曲靖	22.48±3.32cd	0.56±0.10f	17.45±3.40d	1.40±0.32cd	414.26±87.54ab	13.30±2.95cd	2.55±0.54a	61.82±9.59ef	37.48±4.06de
云南双柏	26.40±3.48ab	0.67±0.13c	19.98±3.50bc	1.45±0.24bc	406.65±79.59bc	13.56±2.68c	2.19±0.23cd	63.55±9.47e	35.47±4.67ef
贵州水城	25.77±3.64ab	0.71±0.13bc	22.02±3.67a	1.48±0.26b	370.83±58.64cd	12.00±2.52e	2.11±0.20de	71.35±8.37c	40.92±3.74bc
四川西昌	23.90±3.06cd	0.63±0.10d	17.09±3.41d	1.46±0.22bc	385.73±63.94c	14.72±4.36b	2.32±0.20b	70.67±9.43cd	39.11±5.16cd
云南双江①	20.93±2.98f	0.59±0.13ef	13.17±2.73g	1.29±0.29d	366.05±61.49d	16.39±3.34a	2.22±0.30cd	56.99±10.21f	32.92±4.80g
云南双江②	21.97±2.28e	0.62±0.13e	13.98±2.40f	1.31±0.25d	372.08±84.10cd	16.10±2.86a	2.17±0.28d	66.38±9.37de	36.63±3.78e
云南云龙	21.99±2.41e	0.80±0.15a	17.07±2.83d	1.59±0.31ab	288.94±133.75fg	13.17±2.22cd	2.08±1.26de	74.00±7.11b	38.69±3.05cd
云南香格里拉	23.81±2.39cd	0.66±0.11c	19.17±3.45c	1.52±0.22b	369.76±61.08cd	12.76±2.34d	2.32±0.22b	67.71±11.06d	37.52±4.53de

续表

群体	针叶长（cm）均值±标准差	球果长/球果直径 均值±标准差	针叶宽（mm）均值±标准差	叶鞘长（mm）均值±标准差	针叶束宽（mm）均值±标准差	针叶长/针叶宽 均值±标准差	针叶长/叶鞘长 均值±标准差	针叶束宽/针叶宽 均值±标准差	球果长（mm）均值±标准差	球果直径（mm）均值±标准差
云南新平	24.49±3.93c	1.86±0.20ab	0.57±0.11ef	17.73±3.39d	1.24±0.21e	438.90±91.74a	14.20±3.16bc	2.19±0.21cd	68.88±8.92cd	38.93±3.68cd
贵州兴义	25.70±3.72ab	1.85±0.22b	0.61±0.13e	17.96±2.94d	1.31±0.25de	433.63±88.14ab	14.64±2.97b	2.17±0.24d	66.07±9.71de	36.54±4.21e
西藏察隅	21.73±2.05e	1.72±0.18cd	0.60±0.09e	14.47±3.34f	1.23±0.23e	368.88±44.62cd	15.73±3.59ab	2.07±0.32e	69.49±9.00cd	38.04±4.22d
云南元江	23.02±3.59d	1.84±0.18b	0.60±0.10e	17.82±3.74d	1.18±0.20ef	391.45±62.58bc	13.32±2.80cd	1.99±0.24ef	59.85±11.37f	34.70±4.79f
云南禄丰	25.64±2.59b	1.75±0.21cd	0.66±0.11e	18.85±3.40cd	1.63±0.23a	393.62±60.52bc	13.94±2.29bc	2.50±0.44a	76.73±10.46ab	40.85±4.50bc
云南镇雄	24.33±3.36c	1.77±0.19c	0.70±0.08bc	22.21±3.55a	1.48±0.18b	348.70±42.85c	11.21±2.16f	2.11±0.18de	71.83±8.27bc	42.23±4.25ab
平均	23.75±3.35		0.65±0.12	18.35±3.64	1.42±0.25	376.15±69.58	13.46±2.61	2.20±0.24	68.68±9.92	38.05±4.41

群体	种翅长（cm）均值±标准差	种翅宽（cm）均值±标准差	种翅长/种翅宽 均值±标准差	球果质量（g）均值±标准差	千粒重（g）均值±标准差	枝下高（m）均值±标准差	长冠径（m）均值±标准差	短冠径（m）均值±标准差
云南永仁	2.14±0.27cd	0.65±0.09cd	3.34±0.45cd	56.236±12.690a	16.182±2.976cd	4.74±1.72bc	5.24±1.10c	4.77±1.06bc
贵州册亨	2.06±0.27de	0.66±0.10c	3.17±0.40d	40.600±15.173cd	17.137±3.228bc	5.33±1.83c	4.84±0.76cd	4.59±0.94bc
贵州大方	2.22±0.25c	0.66±0.10c	3.42±0.41c	42.504±13.568cd	15.972±3.261cd	3.87±1.46c	5.90±1.23bc	5.24±1.10b
云南福贡	2.26±0.28bc	0.64±0.09cd	3.57±0.38ab	37.059±12.554de	16.057±3.271cd	4.88±1.52bc	4.84±1.16cd	4.40±0.85bc
云南富宁	2.13±0.24d	0.64±0.08cd	3.38±0.51c	50.745±19.179bc	17.074±3.812bc	3.17±1.12c	5.21±0.93c	4.92±1.13bc
广西隆林	2.11±0.22de	0.64±0.07cd	3.33±0.43cd	40.999±13.621cd	16.758±2.896c	3.30±1.43c	5.49±1.36bc	5.02±1.49bc
云南丽江	2.42±0.39ab	0.73±0.11a	3.35±0.46cd	48.861±16.419bc	18.606±3.573ab	4.47±1.48c	3.88±0.75d	3.74±0.82c
云南龙陵	1.96±0.34f	0.64±0.11cd	3.12±0.61de	22.578±12.334g	13.820±2.774f	4.94±1.78bc	6.49±1.36b	6.00±1.19ab
广西乐业①	2.43±0.27a	0.67±0.09bc	3.67±0.43a	41.691±12.210cd	18.891±1.916a	5.68±1.98bc	5.47±1.03bc	5.13±0.87bc
广西乐业②	2.17±0.24cd	0.65±0.08cd	3.38±0.48c	44.459±14.146c	19.579±3.625a	6.30±2.67b	4.99±1.05cd	4.74±0.96bc
云南马关	2.01±0.18ef	0.62±0.06cd	3.27±0.32cd	27.052±9.457fg	13.486±2.734g	4.44±1.24c	4.18±1.41cd	3.62±1.27cd

续表

群体	球果长/球果直径（cm）均值±标准差	种翅长（cm）均值±标准差	种翅宽（cm）均值±标准差	种翅长/种翅宽 均值±标准差	球果质量（g）均值±标准差	千粒重（g）均值±标准差	枝下高（m）均值±标准差	长冠径（m）均值±标准差	短冠径（m）均值±标准差
四川米易	1.85±0.18b	2.11±0.26de	0.69±0.09b	3.12±0.54de	46.691±16.135bc	15.223±1.928de	4.29±1.35c	4.24±0.88cd	4.17±1.16c
云南曲靖	1.65±0.18e	2.21±0.25c	0.63±0.09cd	3.54±0.39b	39.575±16.218d	14.809±3.311de	4.98±1.46bc	3.52±0.83d	3.15±0.90d
云南双柏	1.80±0.21bc	2.11±0.26de	0.64±0.10cd	3.35±0.55cd	32.598±12.514ef	13.849±3.067ef	8.51±4.53a	4.73±0.65cd	4.58±0.63bc
贵州水城	1.75±0.18cd	2.32±0.27b	0.70±0.10ab	3.35±0.44cd	50.312±14.810b	19.504±2.855a	3.58±1.17c	5.96±1.20c	5.20±1.20b
四川西昌	1.82±0.24bc	2.13±0.27de	0.67±0.09bc	3.22±0.46d	39.197±14.186d	18.024±3.480b	5.43±2.33bc	4.21±0.71cd	3.87±0.64cd
云南双江①	1.73±0.17cd	2.02±0.27ef	0.68±0.08bc	2.99±0.44e	27.815±13.037f	16.562±2.321cd	5.34±2.15bc	7.81±1.92a	6.27±1.76a
云南双江②	1.82±0.21bc	2.08±0.24de	0.66±0.09c	3.18±0.44d	38.503±12.693d	17.882±3.335b	4.68±1.35bc	7.00±1.29ab	6.27±0.87a
云南云龙	1.92±0.16a	2.16±0.26cd	0.65±0.08cd	3.34±0.35cd	44.160±11.367c	16.172±2.966cd	4.74±1.72bc	5.22±1.10bc	4.76±1.06bc
云南香格里拉	1.81±0.21bc	1.96±0.26f	0.65±0.09cd	3.03±0.46cd	39.174±15.414d	13.820±2.439f	4.36±1.44c	4.58±1.04cd	4.23±0.93bc
云南新平	1.77±0.21c	2.14±0.24cd	0.64±0.09cd	3.33±0.45cd	42.055±12.702cd	16.189±2.956cd	4.73±1.72bc	5.23±1.10c	4.78±1.06bc
贵州兴义	1.81±0.17bc	2.05±0.25e	0.62±0.09d	3.37±0.46c	34.141±12.166e	15.753±3.518d	4.39±1.46c	5.57±1.22bc	4.95±0.97bc
西藏察隅	1.83±0.20bc	2.29±0.21bc	0.63±0.08cd	3.66±0.55ab	31.256±10.451ef	12.498±2.417g	4.33±1.68c	4.01±0.68d	3.93±0.98cd
云南元江	1.72±0.20cd	2.01±0.23ef	0.62±0.10d	3.30±0.48e	29.958±13.006e	14.735±3.008e	4.25±1.02c	6.07±1.82bc	5.26±1.71ab
云南禄丰	1.88±0.22ab	2.16±0.25cd	0.65±0.09cd	3.35±0.55cd	56.041±18.499ab	16.185±2.905cd	4.75±1.72bc	5.23±1.10c	4.77±1.06bc
云南镇雄	1.70±0.15d	2.33±0.23b	0.66±0.08cd	3.59±0.32ab	52.815±16.793ab	15.957±2.476cd	3.82±1.44c	6.18±0.92bc	5.70±0.85ab
平均值	1.81±0.18	2.16±0.27	0.66±0.07	3.34±0.36	41.020±13.860	16.300±3.570	4.75±2.18	5.24±1.56	4.76±1.37

小写字母 a、b、c 等标注 0.05 水平上的差异显著性；方差分析 $P<0.05$。

关；叶鞘长指标中，可以代表其最大值的居群为云南镇雄、云南福贡、云南富宁和贵州水城，可以代表其最小值的居群为云南双江①；针叶束宽指标中，可以代表其最大值的居群为云南永仁、云南富宁、云南丽江、云南云龙和云南禄丰，可以代表其最小值的居群为云南马关；针叶长/针叶宽指标中，可以代表其最大值的居群为贵州册亨、广西乐业①、云南曲靖、云南新平和贵州兴义，可以代表其最小值的居群为云南丽江；针叶长/叶鞘长指标中，可以代表其最大值的居群为贵州册亨、云南双江①、云南双江②和西藏察隅，可以代表其最小值的居群为云南福贡；针叶束宽/针叶宽指标中，可以代表其最大值的居群为云南曲靖和贵州册亨，可以代表其最小值的居群为广西乐业②；球果长指标中，可以代表其最大值居群为云南永仁、云南丽江和云南禄丰，可以代表其最小值的居群为云南龙陵；球果直径指标中，可以代表其最大值的居群为云南永仁，可以代表其最小值的居群为云南龙陵；球果长/球果直径指标中，可以代表其最大值的居群为云南云龙，可以代表其最小值的居群为云南曲靖；球果质量指标中，可以代表其最大值的居群为云南永仁，可以代表其最小值的居群为云南龙陵；种翅长指标中，可以代表其最大值的居群为广西乐业①，可以代表其最小值的居群为云南龙陵、云南马关、云南双江①、云南香格里拉和云南元江；种翅宽指标中，可以代表其最大值的居群为云南丽江和贵州水城，可以代表其最小值的居群为云南马关、贵州兴义和云南元江；种翅长/种翅宽指标中，可以代表其最大值的居群为广西乐业①，可以代表其最小值的居群为云南双江①和云南香格里拉；千粒重指标中，可以代表其最大值的居群为广西乐业①、广西乐业②、云南丽江和贵州水城，可以代表其最小值的居群为西藏察隅；枝下高指标中，可以代表其最大值的居群为云南双柏，可以代表其最小值的居群为贵州大方、云南富宁等12个居群；长冠径指标中，可以代表其最大值的居群为云南双江①和云南双江②，可以代表其最小值的居群为云南丽江、云南曲靖和西藏察隅；短冠径指标中，可以代表其最大值的居群为云南双江①和云南双江②，可以代表其最小值的居群为云南曲靖。

18个表型性状指标中，可以代表其最值（最大值和最小值）的居群出现的次数排序为：云南丽江（9次）＞云南马关（6次）＝云南双江①（6次）＞云南龙陵（5次）＝云南曲靖（5次）＞贵州册亨（4次）＝贵州水城（4次）＝云南永仁（4次）＝西藏察隅（4次）＞云南富宁（3次）＝广西乐业①（3次）＝贵州兴义（3次）＝云南双江②（3次）＝云南香格里拉（3次）＝云南元江（3次）＞云南云龙（2次）＝云南镇雄（2次）＝云南福贡（2次）＝云南禄丰（2次）＝广西乐业②（2次）＞云南新平（1次）＝云南双柏（1次）＝贵州大方（1次）＝广西隆林（1次）＝四川米易（1次）。由此可见，南部种源区，西部亚区的云南双江①居群较云南龙陵居群的表型变异大，东部亚区的云南马关居群较本亚区内的其它居群的表型变异大；中部种源区，中部种源亚区的云南曲靖、云南永仁和贵州册亨居群较本亚区内的其他居群的表型变异大，滇东北种源亚区的贵州水城居群较本亚区内的其他居群的表型变异大；西北部种源区的云南丽江居群较本区内的其他居群的表型变异大；西藏察隅种源区的西藏察隅居群的表型变异也比较大。

材用云南松26个居群18个表型性状的变异系数和相对极差结果（表2–3）表明：不同表型性状，群体内变异最大的居群不同；不同居群，其群体

表2-3 材用云南松各居群18个表型性状的变异系数和相对极差

变异系数（%）/相对极差

群体	针叶长	针叶宽	叶鞘长	针叶束宽	针叶长/针叶宽	针叶长/叶鞘长	针叶束宽/针叶宽	球果质量	球果长	球果直径	球果长/球果直径
云南永仁	11.53/0.60	11.11/0.68	11.93/0.81	11.80/0.66	14.08/1.06	16.06/1.08	6.67/0.38	22.57/1.35	10.19/0.52	8.39/0.44	10.75/0.50
贵州册亨	14.58/0.93	20.63/1.40	16.68/0.95	21.71/1.19	24.89/2.35	19.51/1.13	24.90/2.08	37.37/1.98	16.92/1.09	11.48/0.62	11.89/1.09
贵州大方	14.54/1.17	18.75/1.45	18.06/0.94	17.73/1.24	18.35/1.36	18.50/1.03	6.79/0.56	31.92/2.09	12.45/0.70	9.24/0.52	10.47/0.72
云南福贡	12.37/0.63	13.04/0.77	14.04/0.83	12.33/0.79	12.53/1.06	14.47/0.77	5.63/0.37	33.88/2.03	13.89/0.80	9.51/0.53	9.78/0.59
云南富宁	15.04/0.84	25.00/1.38	15.69/0.80	22.15/1.31	17.92/1.44	19.32/1.22	11.71/1.23	37.79/2.05	16.00/0.89	12.03/1.04	12.00/0.82
广西肇林	14.36/0.75	13.64/0.92	14.62/0.81	14.89/1.04	14.01/0.79	20.73/1.09	9.35/0.65	33.22/1.83	12.65/0.84	8.99/0.55	10.73/0.71
云南丽江	10.59/0.58	9.09/0.53	21.42/1.27	7.32/0.41	11.77/0.62	19.16/1.12	7.91/0.47	33.60/1.74	15.43/0.92	10.2/0.80	14.14/1.52
云南龙陵	15.85/0.79	23.94/1.51	21.67/1.17	21.23/1.07	24.72/1.71	25.54/1.71	16.11/1.36	54.63/2.99	23.56/1.17	15.94/0.89	13.64/0.96
广西乐业①	12.20/0.64	17.19/1.30	20.90/0.99	17.42/1.39	17.62/0.96	26.82/1.57	11.65/0.69	29.29/1.85	12.18/0.84	8.49/0.48	10.58/0.86
广西乐业②	16.16/1.01	20.59/1.47	13.70/0.92	20.90/1.43	18.22/1.09	20.63/2.16	7.04/0.56	31.82/1.83	13.97/0.89	10.21/0.60	12.04/0.76
云南马关	18.39/0.98	21.15/1.19	20.54/1.21	22.32/1.33	21.19/1.60	19.98/1.25	15.28/0.96	34.96/1.42	16.42/0.69	10.94/0.42	10.50/0.48
四川米易	12.11/0.64	16.67/1.12	14.40/0.85	14.71/0.96	17.36/1.00	16.04/0.90	10.00/0.63	34.56/1.73	14.20/0.90	10.39/0.60	9.73/0.79
云南曲靖	14.77/0.88	17.86/0.98	19.48/0.93	22.86/1.24	21.13/1.45	22.18/1.60	21.18/1.17	40.98/2.20	15.51/0.90	10.83/0.65	10.91/0.57
云南双柏	13.18/0.70	19.40/1.06	17.52/1.02	16.55/0.86	19.57/1.24	19.76/1.15	10.50/0.56	38.39/2.69	14.90/0.88	13.17/1.09	11.67/0.82
贵州水城	14.12/0.79	18.31/1.24	16.67/0.95	17.57/1.17	15.81/0.89	21.00/1.62	9.48/0.78	29.44/1.69	11.73/0.63	9.14/0.57	10.29/0.49
四川西昌	12.80/0.65	15.87/1.25	19.95/1.05	15.07/1.13	16.58/1.03	29.62/1.59	8.62/0.59	36.19/1.73	13.34/0.68	13.19/0.67	13.19/0.69
云南双江①	14.24/0.82	22.03/1.19	20.73/1.06	22.48/1.14	16.80/0.96	20.38/1.57	13.51/0.92	46.87/2.93	17.92/0.99	14.58/0.89	9.83/0.84
云南双江②	10.38/0.61	20.97/1.15	17.17/0.86	19.08/0.99	22.60/1.68	17.76/1.04	12.90/0.83	32.97/1.97	14.12/0.84	10.32/0.65	11.54/1.01
云南云龙	10.96/0.53	18.75/1.63	16.58/0.88	19.50/1.06	46.29/7.53	16.86/0.94	60.58/9.81	25.74/1.41	9.61/0.54	7.88/0.44	8.33/0.59
云南香格里拉	10.04/0.48	16.67/1.14	18.00/1.03	14.47/0.80	16.52/1.08	18.34/1.30	9.48/0.90	39.35/1.96	16.33/1.06	12.07/0.60	11.60/1.03

续表

群体	针叶长	针叶宽	叶鞘长	针叶束宽	针叶长/针叶宽	针叶长/叶鞘长	针叶束宽/针叶宽	球果质量	球果长	球果直径	球果长/球果直径
				变异系数（%）/相对极差							
云南新平	16.05/0.73	19.30/1.28	19.12/1.08	16.94/1.14	20.90/1.26	22.25/1.20	9.59/0.88	30.20/1.70	12.95/0.85	9.45/0.79	11.86/1.41
贵州兴义	14.47/0.74	21.31/1.67	16.37/0.95	19.08/1.66	20.33/0.98	20.29/1.18	11.06/1.00	35.63/1.72	14.70/0.77	11.52/0.53	9.39/0.54
西藏察隅	9.43/0.58	15.00/0.83	23.08/1.41	18.70/0.88	12.10/0.83	22.82/1.43	15.46/0.95	33.44/2.42	12.95/1.01	11.09/0.68	10.93/0.96
云南元江	15.60/0.86	16.67/1.30	20.99/1.15	16.95/1.09	15.99/1.25	21.02/1.12	12.06/1.12	43.41/2.37	19.00/1.12	13.80/1.11	11.63/0.99
云南禄丰	10.10/0.56	16.67/0.80	18.04/0.93	14.11/0.71	15.38/0.83	16.43/0.76	17.60/1.00	33.01/1.94	13.63/0.72	11.02/0.64	11.70/0.70
云南镇雄	13.81/0.76	11.43/0.69	15.98/0.86	12.16/0.75	12.29/0.83	19.27/1.10	8.53/0.57	31.80/1.62	11.51/0.73	10.06/1.12	8.82/0.69
平均值	13.37/0.74	17.73/1.15	17.82/0.98	17.31/1.04	18.65/1.38	20.18/1.26	13.60/1.18	35.12/1.89	14.46/0.84	10.92/0.68	11.07/0.81

群体	种翅长	种翅宽	种翅长/种翅宽	千粒重	枝下高	长冠径	短冠径	表型性状平均变异系数（%）	表型性状平均相对极差
			变异系数（%）/相对极差						
云南永仁	12.15/0.60	13.85/0.72	13.47/0.86	18.33/0.71	36.29/1.40	20.99/0.82	22.22/0.90	15.13	0.78
贵州册亨	13.11/0.73	15.15/0.91	12.62/0.66	18.84/0.77	34.33/1.50	15.70/0.60	20.48/0.85	19.49	1.16
贵州大方	11.26/0.50	15.15/0.91	11.99/0.88	20.42/0.69	37.73/1.29	20.85/0.68	20.99/0.76	17.51	0.97
云南福贡	12.39/0.53	14.06/0.63	10.64/0.59	20.37/0.86	31.15/1.13	23.97/1.14	19.32/0.95	15.74	0.83
云南富宁	11.27/0.56	12.50/0.78	15.09/0.86	22.33/1.03	35.33/1.45	17.85/0.67	22.97/1.04	19.00	1.08
广西隆林	10.43/0.62	10.94/0.47	12.91/0.87	17.28/0.78	43.33/1.73	24.77/1.28	29.68/1.12	17.59	0.94
云南丽江	16.12/0.87	15.07/0.96	13.73/1.10	19.20/0.74	33.11/1.61	19.33/0.75	21.93/0.83	16.62	0.94
云南龙陵	17.35/0.82	17.19/0.94	19.55/1.09	20.07/0.75	36.03/1.30	20.96/0.77	19.83/0.90	22.66	1.22
广西乐业①	11.11/0.41	13.43/0.60	11.72/0.76	10.14/0.41	34.86/1.55	18.83/1.02	16.96/0.70	16.74	0.95
广西乐业②	11.06/0.51	12.31/0.46	14.20/0.83	18.51/0.75	42.38/1.38	21.04/0.82	20.25/0.74	18.06	1.01

续表

群体	变异系数（%）/相对极差							表型性状平均变异系数（%）	表型性状平均相对极差
	种翅长	种翅宽	种翅长/种翅宽	千粒重	枝下高	长冠径	短冠径		
云南马关	8.96/0.35	9.68/0.32	9.79/0.40	20.27/0.60	27.93/1.10	33.73/1.60	35.08/1.46	19.84	0.96
云南曲靖	11.31/0.50	14.29/0.63	11.02/0.68	22.36/0.98	29.32/1.20	23.58/0.94	28.57/0.98	19.90	1.03
云南双柏	12.32/0.57	15.63/0.78	16.42/0.96	22.15/0.87	53.23/1.69	13.74/0.59	13.76/0.61	18.99	1.01
贵州水城	11.64/0.60	14.29/0.71	13.13/1.16	14.64/0.53	32.68/1.26	20.13/0.76	23.08/0.87	16.84	0.93
四川西昌	12.68/0.56	13.43/0.75	14.29/0.90	19.31/0.83	42.91/1.53	16.86/0.52	16.54/0.57	18.36	0.93
云南双江①	13.37/0.69	11.76/0.74	14.72/0.67	14.01/0.56	40.26/1.85	24.58/0.85	28.07/1.32	20.34	1.11
云南双江②	11.54/0.63	13.64/0.91	13.84/0.91	18.65/0.71	28.85/1.11	18.43/0.80	13.88/0.59	17.15	0.96
云南云龙	12.04/0.59	13.85/0.71	13.47/0.84	18.34/0.73	36.29/1.44	21.07/0.86	22.27/0.90	21.02	1.75
云南香格里拉	13.27/0.77	13.85/0.62	15.18/0.89	17.65/0.70	33.03/1.44	22.71/0.85	21.99/1.18	17.81	0.99
云南新平	12.15/0.59	14.06/0.75	13.51/0.90	18.32/0.71	36.36/1.42	21.03/0.84	22.18/0.90	18.12	1.02
贵州兴义	12.20/0.63	14.52/0.81	13.65/1.31	22.33/0.94	33.26/1.55	21.90/0.90	19.60/0.81	18.42	1.04
西藏察隅	9.17/0.44	12.70/0.63	15.03/0.87	19.34/0.67	38.80/1.39	16.96/0.72	24.94/0.97	17.89	0.98
云南元江	11.44/0.80	16.13/0.97	14.55/1.00	20.41/0.72	24.00/1.04	29.98/‑.12	32.51/1.52	19.79	1.15
云南禄丰	12.04/0.60	13.85/0.72	13.43/0.86	18.33/0.72	36.21/1.41	21.03/0.86	22.22/0.90	17.49	0.87
云南镇雄	9.87/0.52	13.85/0.62	8.91/0.45	15.52/0.54	37.70/1.39	14.89/0.57	14.91/0.53	15.07	0.80
平均值	12.02/0.60	13.78/0.73	13.62/0.87	18.45/0.72	35.65/1.41	20.99/0.85	22.39/0.92	18.17	1.00

内的表型性状变异程度存在差异；同一表型性状，变异系数最大的居群和相对极差最大的居群有时不一致，即整体离散程度大，不一定极端差异程度大。材用云南松 18 个表型性状平均变异系数在 26 个居群中的均值为 18.17，平均相对极差在 26 个居群中的均值为 1.00；云南龙陵居群的 18 个表型性状平均变异系数（22.66）最大，云南云龙居群的 18 个表型性状平均相对极差（1.75）最大；26 个居群中，18 个表型性状平均变异系数和平均相对极差皆大于所有居群均值的有贵州册亨、云南富宁、云南龙陵、云南曲靖、云南双柏、云南双江①、云南云龙、贵州兴义和云南元江 9 个居群。变异系数用于分析群体内表型性状的离散程度，相对极差表示群体内表型性状的极端差异程度，两个指标均反映群体内的变异情况。对于所研究的材用云南松的 26 个居群，云南龙陵居群群体内的整体离散程度最大，云南云龙居群群体内的极端差异最大，因此这 2 个居群群体内的变异较其余 24 个居群为大；同时，贵州册亨、云南富宁、云南曲靖、云南双柏、云南双江①、贵州兴义和云南元江 7 个居群群体内的变异也较其余 17 个居群为大。

2.3.2　云南松居群间的表型分化估算和 Shannon-weaver 多样性指数分析

材用云南松 18 个表型性状的方差分量和表型方差分化系数结果（表 2-4）表明：18 个表型性状在居群间的方差分量百分比为 6.1360%~38.0573%，平均值为 21.4557%；18 个表型性状在居群内的方差分量百分比为 37.6277%~86.8586%，平均值为 54.2288%；18 个表型性状随机误差的方差分量百分比为 0.0000%~44.9051%，平均值为 24.3155%；除叶鞘长外，其余 17 个表型性状均为居群内的方差分量及其百分比大于居群间的方差分量及其百分比；18 个表型性状的表型方差分化系数为 9.6829%~50.1714%，平均值为 29.0167%；除叶鞘长（50.1714%）外，其余 17 个表型性状的表型方差分化系数均小于 50%；针叶性状和种实性状的表型方差分化系数总体大于生长性状的表型方差分化系数。因此，认为材用云南松的变异主要存在于居群内；居群间的变异分析中，针叶性状和种实性状的变异较生长性状的变异更大；居群内的变异分析中，生长性状的变异则较针叶性状和种实性状的变异更大。

材用云南松 18 个表型性状的表型多样度和表型频率分化系数结果（表 2-5）表明：18 个表型性状的居群间表型多样度排序与居群间表型频率分化系数排序趋势基本一致，两者都是针叶束宽 / 针叶宽最大，种翅宽最小；18 个表型性状的居群内表型多样度排序与居群内表型频率分化系数排序趋势也基本一致，两者都是种翅宽、球果长 / 球果直径和种翅长位列前三，针叶束宽 / 针叶宽最小；18 个表型性状居群内平均表型多样度（0.7758）大于居群间平均表型多样度（0.0724）；18 个表型性状居群间平均表型频率分化系数为 8.55%（0.0855），居群内平均表型频率分化系数为 91.45%（0.9145）。因此，从表型性状频率分布变化情况来看，表型性状变异主要存在于居群内，且居群内的变异总体来讲种实性状大于针叶性状，但居群间的变异则相反，即针叶性状变异大于种实性状变异。

表 2-4 材用云南松 18 个表型性状居群间和居群内的方差分量和表型方差分化系数

性状	方差分量			方差分量百分比（%）			表型方差分化系数（%）
	居群间	居群内	随机误差	居群间	居群内	随机误差	
针叶长	4.3320	6.3144	4.0903	29.3959	42.8480	27.7561	40.6898
针叶宽	0.0033	0.0089	0.0055	18.6817	50.2398	31.0785	27.1065
叶鞘长	6.5897	6.5447	4.1808	38.0573	37.7973	24.1454	50.1714
针叶束宽	0.0152	0.0384	0.0237	19.6923	49.6729	30.6348	28.3891
针叶长 / 针叶宽	2034.0201	2878.0880	2481.7107	27.5097	38.9256	33.5647	41.4083
针叶长 / 叶鞘长	2.3509	4.1784	3.8219	22.7113	40.3662	36.9226	36.0054
针叶束宽 / 针叶宽	0.0204	0.0240	0.0194	31.9761	37.6277	30.3962	45.9401
球果质量	69.9393	120.4193	86.5251	25.2595	43.4909	31.2496	36.7408
球果长	35.6383	59.4764	38.8642	26.5999	44.3923	29.0077	37.4688
球果直径	7.8518	11.2451	6.2459	30.9823	44.3721	24.6456	41.1154
球果长 / 球果直径	0.0041	0.0265	0.0148	8.9917	58.3586	32.6497	13.3508
种翅长	0.0173	0.0578	0.0139	19.4591	64.9013	15.6396	23.0670
种翅宽	0.0006	0.0045	0.0041	6.1360	48.9589	44.9051	11.1310
种翅长 / 种翅宽	0.0346	0.1256	0.0887	13.9063	50.4681	35.6256	21.6024
千粒重	3.5210	9.3571	0.0000	27.3411	72.6589	0.0000	27.3411
枝下高	1.1888	7.4623	0.1898	13.4468	84.4066	2.1466	13.7417
长冠径	1.1305	5.3861	0.2350	16.7437	79.7750	3.4812	17.3476
短冠径	0.6830	6.3703	0.2808	9.3121	86.8586	3.8293	9.6829
平均	120.4078	173.0627	145.9064	21.4557	54.2288	24.3155	29.0167

表 2-5 材用云南松 18 个表型性状的表型频率分化系数

性状	居群内表型多样度（L_s）	居群间表型多样度（$L_{s/t}$）	总表型多样度（L_t）	居群间表型频率分化系数（P_{ST}）	居群内表型频率分化系数（P_{ST}）
针叶长	0.7862	0.0726	0.8587	0.0845	0.9155
针叶宽	0.7808	0.0695	0.8503	0.0817	0.9183
叶鞘长	0.7787	0.0848	0.8636	0.0982	0.9018
针叶束宽	0.7662	0.0858	0.8520	0.1007	0.8993
针叶长 / 针叶宽	0.7643	0.0847	0.8490	0.0998	0.9002
针叶长 / 叶鞘长	0.7739	0.0715	0.8454	0.0845	0.9155
针叶束宽 / 针叶宽	0.6963	0.1170	0.8133	0.1438	0.8562
球果质量	0.7810	0.0745	0.8555	0.0870	0.9130
球果长	0.7846	0.0650	0.8496	0.0765	0.9235
球果直径	0.7811	0.0704	0.8515	0.0826	0.9174
球果长 / 球果直径	0.8110	0.0491	0.8601	0.0570	0.9430

性状	居群内表型多样度（L$_s$）	居群间表型多样度（L$_{s/t}$）	总表型多样度（L$_t$）	居群间表型频率分化系数（P$_{ST}$）	居群内表型频率分化系数（P$_{ST}$）
种翅长	0.7976	0.0516	0.8492	0.0607	0.9393
种翅宽	0.7972	0.0438	0.8410	0.0521	0.9479
种翅长/种翅宽	0.7776	0.0694	0.8470	0.0819	0.9181
千粒重	0.7969	0.0631	0.8601	0.0734	0.9266
枝下高	0.7717	0.0569	0.8286	0.0687	0.9313
长冠径	0.7543	0.0865	0.8408	0.1028	0.8972
短冠径	0.7656	0.0872	0.8527	0.1022	0.8978
平均	0.7758	0.0724	0.8482	0.0855	0.9145

L$_s$：居群内表型多样度；L$_{s/t}$：居群间表型多样度；L$_t$：总表型多样度；P$_{ST}$：表型频率分化系数。

由材用云南松居群间 18 个表型性状的 Shannon-weaver 多样性指数（表2-6）可知，不同居群间 18 个表型性状的多样性指数平均值在 0.1872~0.2105 之间，其中四川西昌居群的多样性指数最大，云南马关居群的最小；不同居群间 18 个表型性状的多样性指数平均值的方差分析表明，不同居群间无显著差异（P=0.320）。因此，虽然可以分别依据各表型性状指标的多样性指数以及 18 个表型性状指标的综合多样性指数，找出具有多样性指数最值（最大值和最小值）的居群，但由于这些表型性状的多样性指数间的差别不具有统计学上的显著差异，所以从表型性状的多样性指数方面来看，26 个居群间的表型性状变异无显著差异。

2.3.3　依据表型性状的云南松居群间的聚类分析

依据 18 个表型性状对 26 个材用云南松居群的聚类分析结果（图 2-1）与云南松种源区划有相同之处，同时又有一定的差异。依据 18 个表型性状将 26 个材用云南松居群分为四类。云南永仁、云南禄丰、贵州大方、广西隆林、云南富宁、贵州水城、云南镇雄、云南福贡、云南云龙、广西乐业①、广西乐业②、云南双柏、贵州册亨、四川西昌、四川米易、云南香格里拉、云南马关、云南新平、贵州兴义和云南元江共 20 个居群聚为第一类，这类群体中云南香格里拉和云南福贡 2 个居群位于西北部种源区且皆为该种源区表型变异较小的居群，广西隆林、云南富宁、广西乐业①、广西乐业②、云南马关和云南元江 6 个居群位于南部种源区的东部亚区且与中部种源区相连，同时绝大多数为该种源区中表型变异较小的居群，其余 12 个居群位于中部种源区。云南龙陵、云南双江①和云南双江②共 3 个居群聚为第二类，该类群体的这 3 个居群都位于南部种源区的西部亚区且位于云南松的西南边缘分布区。云南曲靖和西藏察隅共 2 个居群聚为第三类，这类群体中的云南曲靖居群位于中部种源区且为该种源区中表型变异最大的居群，西藏察隅居群位于西藏察隅种源区，其表型变异也较大。云南丽江居群为第四类，该居群属于西北部种源区，为该种源区中表型变异最大的居群。

表2-6　材用云南松居群间18个表型性状的Shannon-weaver多样性指数

群体	针叶长	针叶宽	叶鞘长	针叶束宽	针叶长/针叶宽	针叶长/叶鞘长	针叶束宽/针叶宽	球果质量	球果长	球果直径	球果长/球果直径	种翅长	种翅宽	种翅长/种翅宽	千粒重	枝下高	长冠径	短冠径	平均值
云南永仁	0.1994	0.1937	0.1833	0.1926	0.1809	0.1880	0.1682	0.1882	0.1919	0.1917	0.2066	0.2115	0.2011	0.2071	0.2082	0.2037	0.2044	0.2025	0.1957
贵州册亨	0.1955	0.1819	0.1874	0.1989	0.1817	0.1882	0.2000	0.1965	0.2060	0.1954	0.2056	0.2310	0.2406	0.2224	0.2342	0.2259	0.2034	0.2184	0.2063
贵州大方	0.1962	0.1934	0.1964	0.1908	0.1962	0.1842	0.1660	0.1935	0.1878	0.1927	0.1991	0.2340	0.2292	0.2277	0.2332	0.2150	0.2073	0.2235	0.2037
云南福贡	0.1887	0.1870	0.1880	0.1856	0.1733	0.1722	0.1615	0.1937	0.1967	0.1946	0.1971	0.2336	0.2375	0.2180	0.2375	0.2166	0.2154	0.1957	0.1996
云南富宁	0.1934	0.2032	0.1849	0.2007	0.1912	0.1730	0.1783	0.1986	0.2048	0.2017	0.2030	0.2267	0.2349	0.2358	0.2412	0.2056	0.2099	0.2134	0.2056
广西隆林	0.1887	0.1826	0.1841	0.1862	0.1809	0.1953	0.1711	0.1941	0.1920	0.1864	0.1972	0.2269	0.2251	0.2288	0.2361	0.2087	0.2229	0.2267	0.2019
云南丽江	0.1823	0.1827	0.1996	0.1642	0.1708	0.1903	0.1752	0.2015	0.1965	0.1953	0.2086	0.2408	0.2368	0.2308	0.2275	0.2154	0.2039	0.2151	0.2021
云南龙陵	0.1898	0.1988	0.1891	0.1994	0.1930	0.1949	0.1924	0.1907	0.1947	0.1853	0.2114	0.2403	0.2396	0.2455	0.2267	0.2255	0.2167	0.2184	0.2085
广西乐业①	0.1885	0.1833	0.1991	0.1858	0.1949	0.2040	0.1826	0.1775	0.1835	0.1802	0.1944	0.2332	0.2301	0.2281	0.2100	0.2202	0.2109	0.2102	0.2009
广西乐业②	0.1945	0.1943	0.1844	0.1965	0.1905	0.1863	0.1553	0.1947	0.1914	0.1925	0.2040	0.2339	0.2311	0.2238	0.2294	0.2298	0.2169	0.2155	0.2036
四川马夫	0.1973	0.1957	0.1913	0.1924	0.1984	0.1855	0.1865	0.1578	0.1578	0.1621	0.1578	0.1848	0.1817	0.1825	0.1853	0.2124	0.2205	0.2191	0.1872
四川米易	0.1891	0.1908	0.1884	0.1842	0.1873	0.1811	0.1744	0.2033	0.2030	0.1939	0.2011	0.2317	0.2303	0.2306	0.2169	0.2131	0.2109	0.2231	0.2029
云南曲靖	0.1867	0.1861	0.1942	0.2032	0.1916	0.1952	0.1945	0.2032	0.1976	0.1957	0.2014	0.2309	0.2393	0.2057	0.2354	0.2183	0.2079	0.2124	0.2055
云南双柏	0.1983	0.2026	0.1957	0.1973	0.1971	0.1935	0.1813	0.1916	0.1937	0.1990	0.2058	0.2386	0.2385	0.2455	0.2324	0.2097	0.2003	0.1979	0.2066
贵州水城	0.1984	0.1907	0.1958	0.1873	0.1899	0.1884	0.1708	0.2014	0.1933	0.1950	0.1995	0.2366	0.2419	0.2344	0.2277	0.2046	0.2131	0.2177	0.2048
四川西昌	0.1912	0.1913	0.1975	0.1830	0.1931	0.2022	0.1669	0.2041	0.1958	0.2038	0.3333	0.2314	0.2263	0.2073	0.2355	0.2284	0.1975	0.2013	0.2105
云南双江①	0.1943	0.2003	0.1841	0.2012	0.1887	0.1960	0.1916	0.1982	0.1988	0.1983	0.1914	0.2291	0.2300	0.2341	0.2268	0.2204	0.2099	0.2212	0.2064
云南双江②	0.1813	0.1991	0.1755	0.1974	0.1982	0.1861	0.1988	0.1900	0.1962	0.1895	0.2047	0.2224	0.2243	0.2354	0.2296	0.2159	0.2213	0.2089	0.2041
云南云龙	0.1866	0.1906	0.1838	0.1954	0.1819	0.1900	0.1701	0.1953	0.1870	0.1874	0.1950	0.2058	0.2082	0.2047	0.2054	0.2023	0.2003	0.2010	0.1939
云南香格里拉	0.1867	0.1861	0.1912	0.1909	0.1895	0.1802	0.1776	0.2071	0.1981	0.2011	0.2013	0.2386	0.2383	0.2432	0.2312	0.2073	0.2111	0.2155	0.2053
云南新平	0.2021	0.1988	0.1988	0.1935	0.1994	0.1934	0.1812	0.1929	0.1949	0.1948	0.1984	0.2296	0.2211	0.2174	0.2182	0.2058	0.2024	0.2055	0.2021
贵州兴义	0.1888	0.1915	0.1797	0.1754	0.1986	0.1878	0.1792	0.1918	0.2026	0.1993	0.2035	0.2380	0.2432	0.2377	0.2409	0.2046	0.2139	0.2123	0.2049
西藏察隅	0.1763	0.1899	0.1902	0.1892	0.1768	0.2005	0.1982	0.1844	0.1937	0.1941	0.1973	0.2193	0.2261	0.2314	0.2266	0.2136	0.2019	0.2207	0.2017
云南元江	0.1973	0.1849	0.1970	0.1784	0.1833	0.1915	0.1782	0.1922	0.2008	0.1976	0.2050	0.2240	0.2322	0.2393	0.2335	0.2035	0.2217	0.2181	0.2044
云南禄丰	0.1894	0.1881	0.1972	0.1859	0.1874	0.1937	0.1967	0.2007	0.2003	0.1985	0.2056	0.2168	0.2183	0.2148	0.2155	0.2033	0.2001	0.2031	0.2008
云南镇雄	0.1931	0.1897	0.1923	0.1855	0.1791	0.1908	0.1672	0.1989	0.1907	0.1902	0.1917	0.2294	0.2362	0.2127	0.2240	0.2103	0.2034	0.2124	0.1999
平均值	0.1913	0.1914	0.1903	0.1900	0.1882	0.1897	0.1794	0.1939	0.1942	0.1929	0.2046	0.2273	0.2285	0.2248	0.2257	0.2131	0.2095	0.2127	0.2026

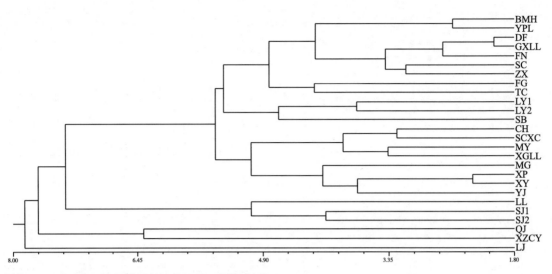

图2-1　基于表型性状的材用云南松居群间聚类图

　　BMH：云南永仁白马河；YPL：云南禄丰一平浪；DF：贵州大方；GXLL：广西隆林；FN：云南富宁；SC：贵州水城；ZX：云南镇雄；FG：云南福贡；TC：云南云龙天池；LY1：广西乐业1；LY2：广西乐业2；SB：云南双柏；CH：贵州册亨；SCXC：四川西昌；MY：四川米易；XGLL：云南香格里拉；MG：云南马关；XP：云南新平；XY：贵州兴义；YJ：云南元江；LL：云南龙陵；SJ1：云南双江1；SJ2：云南双江2；QJ：云南曲靖；XZCY：西藏察隅；LJ：云南丽江

2.4　结论与讨论

　　前人在云南松遗传多样性的研究方面做了很多的工作，主要用于分析云南松正种、变型、变种及其近缘种的亲缘关系和系统进化，所用样品不管来自于较少的居群（3~10个），还是较多的居群（15~20个），其所选居群皆来自于云南松自然分布区的部分区域，且大部为云南区域居群（虞泓 等，1999；王昌命 等，2009a；许玉兰，2015），而关于云南松全分布区的此方面的相关研究未见报道。本研究根据云南松种源区划，结合云南松的地理分布，在云南松全分布区内选取干形通直圆满，具有材用代表性、林分结构完整、林相较整齐的26个天然居群作为研究对象，开展材用云南松表型性状变异研究。因此本研究在取样群体方面既体现了分布范围广、样本量大的特点，又体现了材用特性的优良种质特点。

　　本文通过干形控制，在云南松全分布区，选取26个材用云南松居群，对各居群的针叶长、针叶宽、叶鞘长、针叶束宽、针叶长 / 针叶宽、针叶长 / 叶鞘长、针叶束宽 / 针叶宽、球果长、球果直径、球果长 / 球果直径、球果质量、种翅长、种翅宽、种翅长 / 种翅宽、千粒重、枝下高、长冠径和短冠径18个表型性状指标进行系统的研究后发现：18个表型性状指标在居群间均存在显著差异，多重比较表明，云南双江①、云南龙陵、云南马关、云南曲靖、云南永仁、贵州册亨、贵州水城、云南丽江和西藏察隅9个居群的表型变异较其余17个居群大；居群内的变异分析说明，云南龙陵居群内的整体离散程度最大，云南云龙居群内的极端差异最大，贵州册亨、云南富宁、云南曲靖、云南双柏、云南双江①、贵州兴义和云南元江7个居群群体内的变异也较其余17个居群为大；云南松针叶、种实和生长性状在居群间和居群内皆存在比较丰富的形态变异，依据变异系数和相对极差分析认为针叶长 / 针叶宽、针叶长 / 叶鞘长、球果质量和枝下高为 18 个表型性状中变异更为丰富的指标。虞泓等（1996；1998a；1999）对滇中地区云南松不同居群的针叶、树皮、球果、花粉、雄球花、种子及种翅进行形态变异研究，认为各居群间和居群内在形态变异上表现出明显的多样性。王昌命等（2003；2004；2009a；2009b）对分布在滇东南、滇中以及滇西北地区的云南松居群进行研究，认为云南松居群的针叶、茎干和芽的形态与结构特征皆表现出多态性。许玉兰（2015）对主分布区的云南松居群的针叶、球果表型性状研究发现，针叶与球果两类表型性状均在居群间和居群内存在广泛的变异。前人对云南松表型性状多样性分析中，均侧重研究各表型性状在居群间和居群内的变异分配情况，未见对表型性状指标中主要指标的分析，本文在对针叶、种实、生长三类 18 个表型性状的变异分析中，选出 4个变异更为丰富的指标作为表型性状的主要指标。前人对云南松部分分布区域或主分布区域居群的研究与本文对云南松全分布区的 26 个居群 18 个表型性状在居群间和居群内的表型遗传多样性研究结果一致，即云南松表型性状在居群间和居群内皆表现出多态性。

材用云南松 18 个表型性状居群间的表型分化估算和 Shannon-weaver多样性指数分析表明：18 个表型性状在居群间的方差分量百分比平均值为21.4557%，在居群内的方差分量百分比平均值为 54.2288%，即居群内的方差分量百分比大于居群间的方差分量百分比；18 个表型性状的居群间表型方差分化系数平均值为 29.0167%；18 个表型性状的居群内表型多样度平均值为 0.7758，居群间表型多样度平均值为 0.0724；18 个表型性状的居群间表型频率分化系数平均值为 8.5500%；材用云南松的表型变异主要存在于居群内；居群间 18 个表型性状的 Shannon-weaver 多样性指数平均值在 0.1872~0.2105 之间，方差分析表明，Shannon-weaver 多样性指数在居群间无显著差异，这与上述居群间表型频率分化系数平均值很低的结果是一致的。许玉兰（2015）对主分布区的云南松居群的针叶、球果表型性状的表型分化研究认为，7 个针叶表型性状的平均表型分化系数为 49.42%，4 个球果表型性状的平均表型分化系数为 17.41%，针叶与球果两类表型性状的变异均主要存在于群体内。兰彦平等（2007）对中国板栗（*Castanea mollissima*）5 个地理种群种子和叶片共 7 个性状的表型分化研究表明，表型分化系数平均值为 24.26%，其表型变异的主要来源是种群内。姚淑均（2013）对滇楸（*Catalpa fargesii*）花和果实表型性状分化分析说明，花部表型性状平均表型分化系数为 28.26%，平均表型频率分化系数为51.47%，Shannon-Weaver 多样性指数值在 1.3490~2.5225 之间，花部性状表型变异种群间和种群内都丰富；果实表型性状平均表型分化系数为 22.81%，种群间平均多样度为 0.0359，种群内平均多样度为 0.755，平均表型频率分化系数为 4.53%，Shannon-Weaver 多样性指数在 1.6184~2.3617 之间，果实性状表型变异主要存在于种群内。尽管本研究中材用云南松 18 个表型性状的平均表型分化系数（29.0167%）小于许玉兰（2015）云南松 11 个表型性状的平均表型分化系数（33.415%），但两者皆说明不管是材用云南松还是包括了正种、变种及变型的云南松，不管是全分布区还是主分布区，不管是针叶和果实性状还是针叶、果实、种子、生长性状，对于云南松来说其表型性状变异主要存在于群体内是无争议的。这也与兰彦平（2007）对板栗、姚淑均（2013）对滇楸等其他林木的研究结果相似。就与性状频率分布情况密切相关的 Shannon–Weaver 多样性指数来看，云南松的表型变异丰富度低于滇楸（姚淑均，2013）。

依据 18 个表型性状对 26 个材用云南松居群的聚类分析结果与云南松种源区划有相同之处，同时又有一定的差异（金振洲 等，2004）。依据 18 个表型性状将 26 个材用云南松居群分为四类。位于中部种源区的 12 个居群、位于南部种源区的东部亚区且与中部种源区相连的 6 个居群、位于西北部种源区且皆为该种源区表型变异较小的 2 个居群共计 20 个居群聚为第一类，位于南部种源区的西部亚区且位于云南松的西南边缘分布区的 3 个居群聚为第二类，位于中部种源区且为该种源区中表型变异最大的居群与位于西藏察隅种源区的居群聚为第三类，位于西北部种源区中表型变异最大的居群为第四类。

对材用云南松居群的表型遗传多样性和遗传结构研究结果表明，材用云南松表型性状在居群间和居群内皆表现出多态性，且其表型性状变异主要存在于居群内；根据 18 个表型性状在居群间的方差分析和多重比较结果，找出了表型遗传多样性相对丰富的具体居群（云南双江①、云南龙陵、云南马关、云南曲靖、云南永仁、贵州册亨、贵州水城、云南丽江和西藏察隅），从表型性状变异角度，为材用云南松核心种质构建中组内抽样比例的确定和原地保存策略研究中优先保存群体的确定提供基础数据和依据。

材用云南松种质资源 SRAP 标记遗传多样性

3.1　研究材料

本部分研究所用的材用云南松样株与 2.1 中相同。

每样株从树冠中部生长健壮的枝条上采集 10g 当年生针叶，采后马上放入纸袋中，然后将纸袋放入盛有硅胶的自封袋中，按居群和单株编号，挤压出自封袋中的空气，材料密封于室温下保存，以备提取 DNA 进行 SRAP 标记分析。

3.2　研究方法

3.2.1　云南松干叶 DNA 提取和检测

云南松 DNA 的提取和检测参考 Porebskis 和许玉兰（Porebskis *et al.*，1997；许玉兰，2015）的方法，采用改良的 CTAB 法提取云南松干燥针叶中的基因组 DNA。

将适量干叶放入 2ml 离心管中，加入适量聚乙稀吡咯烷酮（PVP），研磨至粉状；在装有样品的离心管中，加入 50μl β - 巯基乙醇和 1000μl 65℃水浴预热的 CTAB 提取缓冲液（4g/100ml CTAB，pH=8.0），将离心管置于 65℃水浴中加热 40min，每隔 5min 轻轻摇动一次；离心 10min（4℃，12000r/min），取上清液，加入等体积的三氯甲烷 - 异戊醇（24:1）抽提 2~3 次；离心 10min（4℃，12000r/min），取上清液，加入 1/10 体积醋酸钠和 2 倍体积无水乙醇，–20℃保存 2h 以析出 DNA；离心 10min（4℃，12000r/min），倒掉上清液，用 75% 乙醇洗 2 次，无水乙醇洗 1 次，倒掉上清液后晾干，加入 100μl TE 溶解 DNA。

待提取出的 DNA 完全溶解在 TE 中后用分光光度计和 0.8% 琼脂糖凝胶电泳检测 DNA 浓度、纯度、片段大小及其完整性。

3.2.2　云南松 SRAP-PCR 反应体系和扩增程序

SRAP-PCR 反应体系和扩增程序的建立参考玉苏甫和魏博等的反应体系和扩增程序并加以改进（玉苏甫·阿不力提甫，2013；魏博 等，2014；孙荣喜，2014）。本研究反应体系中的酶用的是扩增效果更好的 T_6，T_6 是由基因工程改造的多种突变型 pfuDNA polymerase 混合而成的，扩增得到的 PCR 产物为平末端，保证了扩增效果的高保真。本研究具体的 SRAP-PCR 反应体系和扩增程序见表 3-1。

表 3-1　SRAP-PCR 扩增反应体系和扩增程序

扩增反应体系		扩增反应程序
成分	用量（μl）	
DNA	1	94℃预变性 4min；94℃变性 1min，37℃退火 45s，72℃延伸 1min，5 个循环；94℃变性 1min，50℃退火 1min，72℃延伸 1min，30 个循环；最后 72℃延伸 5min
上游引物	1	
下游引物	1	
MIX（MgCl₂2mM、KCl50mM、（NH₄）₂SO₄10mM、BSA100mg/ml、$T_6$1U）	17	
总计	20	

3.2.3 云南松 SRAP 标记的引物筛选

SRAP 标记的引物设计参照 Li *et al.*（2001）的方法，同时参照 Budak（Budak *et al.*，2004a，2004b）所发表的引物序列，在 EM1–EM10 和 ME1–ME10 的通用引物中，将正反引物两两排列组合，共得到 100 对引物作为供试引物（表 3–2）。每个居群随机取 3 个样株组成引物筛选样本群体，对上述 100 对引物逐一扩增，采用 1.5% 的琼脂糖凝胶电泳检测扩增产物，从中筛选出扩增条带数量多、清晰、重复性好引物对用于正式扩增。

表 3–2　SRAP 引物序列及试验所用 100 对引物组合

SRAP 引物序列			
编号	序列	编号	序列
Me1	TGAGTCCAAACCGGATA	Em1	GACTGCGTACGAATTAAT
Me2	TGAGTCCAAACCGGAGC	Em2	GACTGCGTACGAATTTGC
Me3	TGAGTCCAAACCGGCAG	Em3	GACTGCGTACGAATTGAC
Me4	TGAGTCCAAACCGGACC	Em4	GACTGCGTACGAATTTGA
Me5	TGAGTCCAAACCGGAAG	Em5	GACTGCGTACGAATTAAC
Me6	TGAGTCCAAACCGGTAA	Em6	GACTGCGTACGAATTGCA
Me7	TGAGTCCAAACCGGTCC	Em7	GACTGCGTACGAATTCAA
Me8	TGAGTCCAAACCGGTGC	Em8	GACTGCGTACGAATTCTT
Me9	TGAGTCCAAACCGGAAC	Em9	GACTGCGTACGAATTGAG
Me10	TGAGTCCAAACCGGTAG	Em10	GACTGCGTACGAATTGCC

试验所用 100 对引物组合

Me1+ Em1、Me1+ Em2、Me1+ Em3、Me1+ Em4、Me1+ Em5、Me1+ Em6、Me1+ Em7、Me1+ Em8、Me1+ Em9、Me1+ Em10、Me2+ Em1、Me2+ Em2、Me2+ Em3、Me2+ Em4、Me2+ Em5、Me2+ Em6、Me2+ Em7、Me2+ Em8、Me2+ Em9、Me2+ Em10、Me3+ Em1、Me3+ Em2、Me3+ Em3、Me3+ Em4、Me3+ Em5、Me3+ Em6、Me3+ Em7、Me3+ Em8、Me3+ Em9、Me3+ Em10、Me4+ Em1、Me4+ Em2、Me4+ Em3、Me4+ Em4、Me4+ Em5、Me4+ Em6、Me4+ Em7、Me4+ Em8、Me4+ Em9、Me4+ Em10、Me5+ Em1、Me5+ Em2、Me5+ Em3、Me5+ Em4、Me5+ Em5、Me5+ Em6、Me5+ Em7、Me5+ Em8、Me5+ Em9、Me5+ Em10、Me6+ Em1、Me6+ Em2、Me6+ Em3、Me6+ Em4、Me6+ Em5、Me6+ Em6、Me6+ Em7、Me6+ Em8、Me6+ Em9、Me6+ Em10、Me7+ Em1、Me7+ Em2、Me7+ Em3、Me7+ Em4、Me7+ Em5、Me7+ Em6、Me7+ Em7、Me7+ Em8、Me7+ Em9、Me7+ Em10、Me8+ Em1、Me8+ Em2、Me8+ Em3、Me8+ Em4、Me8+ Em5、Me8+ Em6、Me8+ Em7、Me8+ Em8、Me8+ Em9、Me8+ Em10、Me9+ Em1、Me9+ Em2、Me9+ Em3、Me9+ Em4、Me9+ Em5、Me9+ Em6、Me9+ Em7、Me9+ Em8、Me9+ Em9、Me9+ Em10、Me10+ Em1、Me10+ Em2、Me10+ Em3、Me10+ Em4、Me10+ Em5、Me10+ Em6、Me10+ Em7、Me10+ Em8、Me10+ Em9、Me10+ Em10

3.2.4 云南松 SRAP–PCR 扩增产物检测

以往很多学者在利用 SRAP 标记研究植物遗传多样性时，采用凝胶电泳检测 PCR 扩增产物（白瑞霞，2008；玉苏甫·阿不力提甫，2014；张丹，

2010），凝胶电泳检测方法虽然成熟，但存在不同等位变异难以准确识别的问题，平均每对引物检测出的多态位点数量远低于荧光标记毛细管电泳检测。陈雅琼等在烟草SSR标记中对比分析了聚丙烯酰胺凝胶电泳与荧光标记毛细管电泳两者的检测结果，认为荧光标记毛细管电泳借助自动化的仪器设备，克服了聚丙烯酰胺凝胶电泳的不足，具有可靠、简便、高通量的优势（陈雅琼 等，2011；戴剑 等2013）。因此，本研究采用可靠、高通量的荧光标记毛细管电泳检测技术进行材用云南松SRAP-PCR扩增产物检测。

在筛选出的用于正式扩增的每一对引物的其中一条引物的5'端添加HEX荧光基团，形成荧光标记引物。荧光标记（HEX）引物用于SRAP-PCR扩增，扩增产物采用荧光标记毛细管电泳检测（以Thermo Fisher Scientific公司生产的Gene Scan-1200Liz为内参，采用ABI公司的3730xl DNA Analyzer仪器检测）。通过Genemapper软件得到扩增产物检测结果的峰值图并读取位点信息。

3.2.5　云南松SRAP标记数据分析

数据分析参考Peakall、玉苏甫·阿不力提甫和张勇杰（Peakall et al.，2006；玉苏甫·阿不力提甫 等，2013；张勇杰 等，2013）的方法，利用POPGENE32统计遗传多样性评价参数（多态位点数、多态位点百分率、等位基因数、有效等位基因数、Nei's遗传多样性指数、Shannon's多样性信息指数、群体总的遗传多样性、居群内的遗传多样性、群体间遗传分化系数和居群间基因流），分析材用云南松遗传多样性；利用POPGENE32计算样株间的Nei's遗传距离，得到遗传相似系数矩阵，通过NTSYSpc2.10e软件，依据遗传相似系数矩阵，采用UPGMA（不加权类平均法）进行聚类，得到树状聚类图，分析材用云南松居群间的亲缘关系；利用GenA1Ex 6.14软件进行分子方差分析（AMOVA分析），研究遗传多样性在群体间和群体内的方差分量分配情况。

3.3　结果与分析

3.3.1　云南松干叶DNA的提取和检测

利用改良的CTAB法共提取出780株材用云南松干燥针叶中的基因组DNA。经分光光度计检测，提取的基因组DNA质量较好。DNA的浓度在496.14~2339.31ng/μl，$OD_{260}/OD_{280}>1.7$，$OD_{260}/OD_{230}>1.7$，两者皆在1.8左右，表明所提取的DNA中残存的蛋白质、氨基酸、核苷酸、盐、酚等小分子杂质的量在试验允许范围内。提取的基因组DNA经凝胶电泳检测，认为RNA已经基本除去，绝大多数样品DNA不存在RNA污染问题，同时样品DNA皆保持一条带，没有弥散，其降解程度非常小。因此所提取的基因组DNA完全能够满足后续SRAP分析的浓度、纯度和用量的要求。由于本书篇幅所限，书中仅列出其中部分样株所提取的基因组DNA分光光度计检测结果（表3-3）和琼脂糖凝胶电泳检测结果（图3-1）。

表 3-3　改良的 CTAB 法提取的部分材用云南松样株 DNA 的浓度和纯度

居群 – 样株	DNA 浓度（ng/μl）	OD₂₆₀/OD₂₈₀	OD₂₆₀/OD₂₃₀	居群 – 样株	DNA 浓度（ng/ul）	OD₂₆₀/OD₂₈₀	OD₂₆₀/OD₂₃₀
云南永仁 –1	1667.54	2.00	1.82	云南双柏 –1	1827.17	1.80	1.96
贵州册亨 –1	2074.70	2.25	2.03	贵州水城 –1	2070.67	2.04	2.07
贵州大方 –1	1179.77	1.97	1.99	四川西昌 –1	1196.47	1.80	1.89
云南福贡 –1	1151.97	1.90	1.87	云南双江① –1	906.03	1.88	1.72
云南富宁 –1	1642.03	1.77	2.08	云南双江② –1	1596.07	1.82	2.04
广西隆林 –1	2272.70	1.96	1.71	云南云龙 –1	884.03	1.85	1.87
云南丽江 –1	1064.53	1.95	1.83	云南香格里拉 –1	1434.43	2.04	2.02
云南龙陵 –1	1143.77	1.95	2.15	云南新平 –1	2023.93	2.02	2.11
广西乐业① –1	1181.60	1.97	2.01	贵州兴义 –1	1160.20	2.04	2.01
广西乐业② –1	1725.40	2.09	1.86	西藏察隅 –1	2339.31	1.87	1.95
云南马关 –1	1321.12	1.98	2.00	云南元江 –1	1109.37	2.07	1.94
四川米易 –1	1100.01	1.92	1.77	云南禄丰 –1	871.09	1.81	1.76
云南曲靖 –1	1799.34	2.02	1.89	云南镇雄 –1	1652.16	1.92	1.83

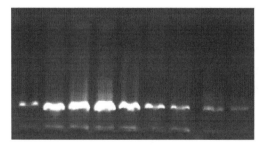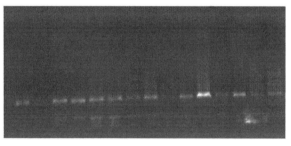

图 3-1　改良的 CTAB 法提取的部分材用云南松样株 DNA 琼脂糖凝胶电泳检测结果

　　按居群 – 样株编号的 24 个样株的 DNA 电泳结果，其样株信息在图上从左至右依次为云南永仁 –1、贵州册亨 –1、广西隆林 –1、西藏察隅 –1、云南新平 –1、贵州水城 –1、云南双柏 –1、云南镇雄 –1、广西乐业① –1、贵州大方 –1、云南云龙 –1、云南福贡 –1、云南富宁 –1、云南丽江 –1、云南龙陵 –1、云南马关 –1、四川米易 –1、云南禄丰 –1、四川西昌 –1、云南曲靖 –1、云南双江① –1、云南香格里拉 –1、贵州兴义 –1、云南元江 –1

3.3.2　云南松 SRAP 标记的引物筛选

　　材用云南松 26 个居群，每个居群取 3 个样株，作为模板进行引物筛选。依据本研究建立的 SRAP–PCR 反应体系，从 100 对引物中筛选出扩增条带数量多、条带清晰、多态性好、重复性稳定的 10 对引物作为本试验 SRAP 正式扩增分析用的引物。部分引物筛选检测结果见图 3–2。具体的引物编号和序列见表 3–4。

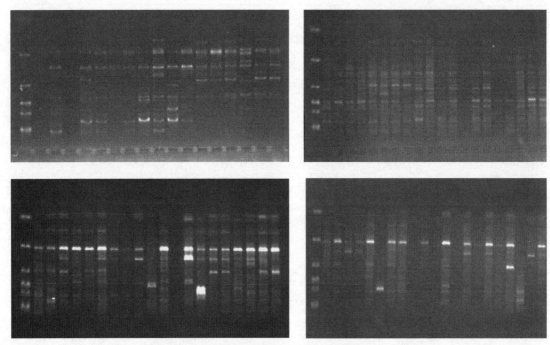

图 3-2   材用云南松基于 Me2+ Em1 引物组合的 PCR 产物琼脂糖凝胶电泳结果

　　每图左侧均为 Marker，其余为按居群 – 样株编号的 78 个样株的 PCR 产物；上图从左至右依次为云南永仁 –1、云南永仁 –2、云南永仁 –3、贵州册亨 –1、贵州册亨 –2、贵州册亨 –3、贵州大方 –1、贵州大方 –2、贵州大方 –3、云南福贡 –1、云南福贡 –2、云南福贡 –3、云南富宁 –1、云南富宁 –2、云南富宁 –3、广西隆林 –1、广西隆林 –2、广西隆林 –3、云南丽江 –1、云南丽江 –2、云南丽江 –3、云南龙陵 –1、云南龙陵 –2、云南龙陵 –3、广西乐业① –1、广西乐业① –2、广西乐业① –3、广西乐业② –1、广西乐业② –2、广西乐业② –3、云南马关 –1、云南马关 –2、云南马关 –3、四川米易 –1、四川米易 –2、四川米易 –3、云南曲靖 –1；下图从左至右依次为云南曲靖 –2、云南曲靖 –3、云南双柏 –1、云南双柏 –2、云南双柏 –3、贵州水城 –1、贵州水城 –2、贵州水城 –3、四川西昌 –1、四川西昌 –2、四川西昌 –3、云南双江① –1、云南双江① –2、云南双江① –3、云南双江② –1、云南双江② –2、云南双江② –3、云南云龙 –1、云南云龙 –2、云南云龙 –3、云南香格里拉 –1、云南香格里拉 –2、云南香格里拉 –3、云南新平 –1、云南新平 –2、云南新平 –3、贵州兴义 –1、贵州兴义 –2、贵州兴义 –3、西藏察隅 –1、西藏察隅 –2、西藏察隅 –3、云南元江 –1、云南元江 –2、云南元江 –3、云南禄丰 –1、云南禄丰 –2、云南禄丰 –3、云南镇雄 –1、云南镇雄 –2、云南镇雄 –3

表 3-4   筛选出的 10 对 SRAP 引物组合及其引物序列

编号	序列	编号	序列	引物组合
Me2	TGAGTGSAAAGSGGAGC	Em1	GACTGCGTACGAATTAAT	Me2+ Em1
Me4	TGAGTGSAAAGSGGACS	Em1	GACTGCGTACGAATTAAT	Me4+ Em1
Me5	TGAGTGSAAAGSGGAAG	Em1	GACTGCGTACGAATTAAT	Me5+ Em1
Me7	TGAGTGSAAAGSGCTGS	Em2	GACTGCGTACGAATTTGC	Me7+ Em2
Me8	TGAGTGSAAAGSGGTGC	Em2	GACTGCGTACGAATTTGC	Me8+ Em2
Me9	TGAGTGSAAAGSGGAAC	Em2	GACTGCGTACGAATTTGC	Me9+ Em2
Me9	TGAGTGSAAAGSGGAAC	Em7	GACTGCGTACGAATTCAA	Me9+ Em7
Me10	TGAGTGSAAAGSGGTAG	Em5	GACTGCGTACGAATTAAC	Me10+ Em5
Me3	TGAGTGSAAAGSGGCAG	Em10	GACTGCGTACGAATTGGS	Me3+ Em10
Me6	TGAGTGSAAAGSGGTAA	Em10	GACTGCGTACGAATTGGS	Me6+ Em10

表头跨列：SRAP 引物序列

3.3.3　云南松 SRAP–PCR 扩增产物荧光标记毛细管电泳检测

采用荧光标记毛细管电泳检测材用云南松 SRAP–PCR 扩增产物的基因片段多态性。图 3–3 为 SRAP 荧光标记毛细管电泳检测的部分结果，引物对为 ME3+EM10。扩增片段 SRAP 分析结果认为，780 个样品基因组 DNA 的 SRAP 位点出峰有序且无杂峰，位点峰值各异且峰值大于 800 以上的位点数量较多，

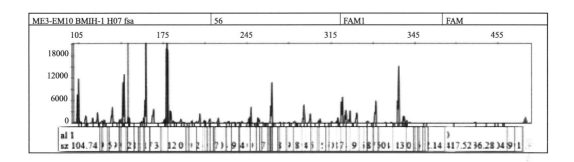

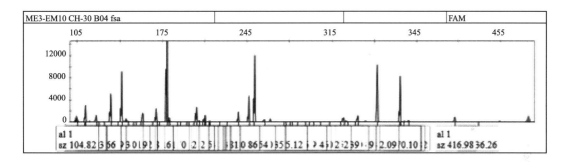

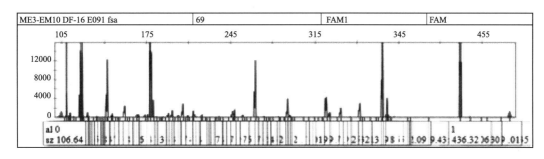

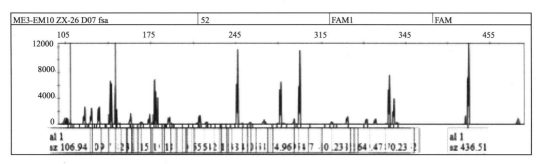

图 3–3　材用云南松基于 Me3+Em10 引物组合的 PCR 产物荧光标记毛细管电泳峰值图

可清晰检测出所扩增的基因片段长度相差 2bp 的位点。本研究中利用 10 对引物，对 780 个样品基因组 DNA 作 SRAP–PCR 扩增，扩增产物共检测出 669 个多态位点，各位点峰值均大于 800。

3.3.4 基于 SRAP 分子标记的云南松遗传多样性参数评价

基于 SRAP 分子标记的材用云南松各居群及群体总的遗传多样性参数结果见表 3-5。群体总的样株数量为 780 株，26 个居群，每个居群的样株数量均为 30 株。26 个居群的等位基因数在 1.6114~1.7100 之间，四川米易居群的等位基因数最大，云南镇雄居群的等位基因数最小；26 个居群的有效等位基因数在 1.2196~1.3086 之间，西藏察隅居群的有效等位基因数最大，云南镇雄居群的有效等位基因数最小；26 个居群的 Nei's 遗传多样性指数在 0.1381~0.1850 之间，云南新平居群的 Nei's 遗传多样性指数最大，云南镇雄居群的 Nei's 遗传多样性指数最小；26 个居群的 Shannon's 多样性信息指数在 0.2214~0.2878 之间，云南新平居群的 Shannon's 多样性信息指数最大，云南镇雄居群的 Shannon's 多样性信息指数最小；26 个居群的多态位点数在 409~475 之间，四川米易居群的多态位点数最大，云南镇雄居群的多态位点数最小；26 个居群的多态位点百分率在 61.14%~71.00% 之间，四川米易居群的多态位点百分率最大，云南镇雄居群的多态位点百分率最小。综上所述，26 个居群中，四川米易、西藏察隅和云南新平 3 个居群的遗传多样性较其余居群更为丰富，而云南镇雄居群的遗传多样性最低；物种水平的遗传多样性（PPL=100%，H=0.1825，I=0.2933）和居群水平的遗传多样性（PPL=66.71%，H=0.1641，I=0.2585）均较高。居群间遗传分化系数为 0.1013，说明有 10.13% 的遗传变异存在于居群间，而 89.87% 的遗传变异位于居群内。居群间基因流为 4.4357，说明居群间的基因流水平较高，而较大的基因流削弱了居群间的遗传差异和遗传分化。

表 3-5　基于 SRAP 分子标记的材用云南松遗传多样性

群体	样株数量	等位基因数	有效等位基因数	Nei's 遗传多样性指数	Shannon's 多样性信息指数	观测位点数	多态位点数	多态位点百分率	群体总的遗传多样性	居群内的遗传多样性	居群间遗传分化系数	居群间基因流
BMH	30	1.6592	1.2772	0.1693	0.2648	669	441	65.92%	—	—	—	—
CH	30	1.7010	1.2367	0.1515	0.2456	669	469	70.10%	—	—	—	—
DF	30	1.6487	1.2736	0.1662	0.2594	669	434	64.87%	—	—	—	—
FG	30	1.6876	1.2901	0.1767	0.2757	669	460	68.76%	—	—	—	—
FN	30	1.6622	1.2255	0.1440	0.2323	669	443	66.22%	—	—	—	—
GXLL	30	1.6457	1.2648	0.1615	0.2529	669	432	64.57%	—	—	—	—
LJ	30	1.6786	1.2769	0.1712	0.2693	669	454	67.86%	—	—	—	—
LL	30	1.6682	1.2752	0.1691	0.2652	669	447	66.82%	—	—	—	—
LY ①	30	1.6801	1.2726	0.1670	0.2626	669	455	68.01%	—	—	—	—
LY ②	30	1.6741	1.2784	0.1700	0.2661	669	451	67.41%	—	—	—	—

续表

群体	样株数量	等位基因数	有效等位基因数	Nei's 遗传多样性指数	Shannon's 多样性信息指数	观测位点数	多态位点数	多态位点百分率	群体总的遗传多样性	居群内的遗传多样性	居群间遗传分化系数	居群间基因流
MG	30	1.6622	1.2301	0.1482	0.2392	669	443	66.22%	—	—	—	—
MY	30	1.7100	1.2951	0.1818	0.2854	669	475	71.00%	—	—	—	—
QJ	30	1.6786	1.2978	0.1785	0.2768	669	454	67.86%	—	—	—	—
SB	30	1.6517	1.2396	0.1506	0.2406	669	436	65.17%	—	—	—	—
SC	30	1.6383	1.2725	0.1651	0.2575	669	427	63.83%	—	—	—	—
SCXC	30	1.6622	1.2533	0.1561	0.2472	669	443	66.22%	—	—	—	—
SJ①	30	1.6592	1.2762	0.1674	0.2615	669	441	65.92%	—	—	—	—
SJ②	30	1.6398	1.2315	0.1462	0.2341	669	428	63.98%	—	—	—	—
TC	30	1.6697	1.2653	0.1634	0.2578	669	448	66.97%	—	—	—	—
XGLL	30	1.7040	1.2864	0.1763	0.2772	669	471	70.40%	—	—	—	—
XP	30	1.6936	1.3035	0.1850	0.2878	669	464	69.36%	—	—	—	—
XY	30	1.6278	1.2402	0.1496	0.2375	669	420	62.78%	—	—	—	—
XZCY	30	1.6562	1.3086	0.1841	0.2825	669	439	65.62%	—	—	—	—
YJ	30	1.7070	1.2714	0.1684	0.2670	669	473	70.70%	—	—	—	—
YPL	30	1.6667	1.2546	0.1600	0.2540	669	446	66.67%	—	—	—	—
ZX	30	1.6114	1.2196	0.1381	0.2214	669	409	61.14%	—	—	—	—
平均值	30	1.6671	1.2660	0.1641	0.2585	669	446	66.71%	—	—	—	—
总计	780	2.0000	1.2898	0.1825	0.2933	669	669	100.00%	0.1825	0.1641	0.1013	4.4357

BMH：云南永仁白马河；CH：贵州册亨；DF：贵州大方；FG：云南福贡；FN：云南富宁；GXLL：广西隆林；LJ：云南丽江；LL：云南龙陵；LY①：广西乐业①；LY②：广西乐业②；MG：云南马关；MY：四川米易；QJ：云南曲靖；SB：云南双柏；SC：贵州水城；SCXC：四川西昌；SJ①：云南双江①；SJ②：云南双江②；TC：云南云龙天池；XGLL：云南香格里拉；XP：云南新平；XY：贵州兴义；XZCY：西藏察隅；YJ：云南元江；YPL：云南禄丰一平浪；ZX：云南镇雄。

3.3.5　基于 SRAP 分子标记的云南松居群间亲缘关系的聚类分析

通过 NTSYSpc2.10e 软件，依据遗传相似系数矩阵，采用 UPGMA（不加权类平均法）进行聚类，得到树状聚类图（图 3-4）。依据 SRAP 分子标记的 669 个多态位点将 26 个材用云南松居群分为三大类。第一类中分为两个分支：第一个分支又分为两个小分支，即广西乐业①和广西乐业②两个居群先聚在一起，再与贵州水城居群聚类，形成第一个小分支，同时云南丽江和云南双柏两个居群先聚在一起，再与云南永仁居群聚类，形成第二个小分支；第二个分支又分为 5 个小分支，即贵州兴义和云南镇雄两个居群先聚在一起，再与广西隆林居群聚在一起，形成第一个小分支，贵州大方和云南云龙两个居群先聚在一起，再与云南富宁居群聚在一起，形成第二个小分支，云南福贡和云南香格里

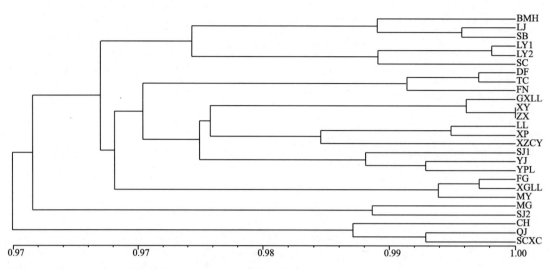

图 3–4　基于 SRAP 分子标记的材用云南松居群间聚类图

　　BMH：云南永仁白马河；YPL：云南禄丰一平浪；DF：贵州大方；GXLL：广西隆林；FN：云南富宁；SC：贵州水城；ZX：云南镇雄；FG：云南福贡；TC：云南云龙天池；LY1：广西乐业 1；LY2：广西乐业 2；SB：云南双柏；CH：贵州册亨；SCXC：四川西昌；MY：四川米易；XGLL：云南香格里拉；MG：云南马关；XP：云南新平；XY：贵州兴义；YJ：云南元江；LL：云南龙陵；SJ1：云南双江 1；SJ2：云南双江 2；QJ：云南曲靖；XZCY：西藏察隅；LJ：云南丽江

拉两个居群先聚在一起，再与四川米易居群聚在一起，形成第三个小分支，云南龙陵和云南新平两个居群先聚在一起，再与西藏察隅居群聚在一起，形成第四个小分支，云南元江和云南禄丰两个居群先聚在一起，再与云南双江①居群聚在一起，形成第五个小分支。第二类由云南马关和云南双江②两个居群聚类形成。第三类先由云南曲靖和四川西昌两个居群聚在一起，再与贵州册亨居群聚类形成。26 个居群两两之间的遗传相似系数在 0.9581~0.9960 之间，贵州兴义和云南镇雄两个居群的遗传相似系数最大，云南双江②和云南福贡两个居群的遗传相似系数最小。

3.3.6　基于 SRAP 分子标记的云南松遗传多样性的分子方差分析

　　基于 SRAP 分子标记的材用云南松遗传多样性的分子方差分析结果见表 3–6。26 个居群，每个居群 30 个样株，共计 780 个样株组成遗传多样性分子方差分析的群体。居群间的方差分量百分比为 13%，居群内的方差分量百分比为 87%，说明材用云南松群体的遗传多样性主要存在于居群内，而居群间较少。

表 3–6　基于 SRAP 分子标记的材用云南松遗传多样性的分子方差分析结果

变异来源	均方	自由度	方差分量	方差分量百分比（%）
群体间	362.226	25	9.946	13%
群体内	67.673	754	67.673	87%
总体		779	77.619	100%

3.4　结 论 与 讨 论

利用改良的 CTAB 法提取出的材用云南松干燥针叶中的基因组 DNA，经分光光度计和凝胶电泳检测，完全能够满足后续 SRAP 分析对其浓度、纯度和用量的要求。筛选出 10 对 SRAP 引物用于本实验正式扩增。采用荧光标记毛细管电泳检测 SRAP–PCR 扩增产物的基因片段多态性，扩增片段 SRAP 位点出峰有序且无杂峰，位点峰值各异且峰值大于 800 以上的位点数量较多，可清晰检测出所扩增的基因片段长度相差 2bp 的位点，扩增产物共检测出 669 个多态位点，各位点峰值均大于 800。

许玉兰（2015）对云南省分布区的云南松的 SSR 分子标记分析中，云南松群体的 Shannon's 信息指数（I）为 0.787。刘爱萍（2007）对马尾松（*Pinus massoniana*）种质资源的 RAPD 和 ISSR 分子标记分析发现，两种分子标记的多态位点百分率（PPL）分别为 89.5% 和 88.9%。周惠娟（2013）对白皮松（*Pinus bungeana*）天然群体的 SSR 分子标记分析表明，白皮松群体的 Shannon's 信息指数（I）为 2.599。李明等（2013）对油松天然群体的 ISSR 分子标记分析中，多态位点百分率为 60.72%，Shannon's 信息指数（I）为 0.2165。张巍等（2017）对红松（*Pinus koraiensis*）天然群体的 ISSR 分子标记分析说明，其多态性位点百分率为 42.63%。本研究对云南松全分布区的 26 个材用云南松居群的 SRAP 分子标记分析，获得的物种水平的遗传多样性（PPL=100%，H=0.1825，I=0.2933）和居群水平的遗传多样性（PPL=66.71%，H=0.1641，I=0.2585）与前人对松属树种分子标记获得的遗传多样性比较发现，虽然材用云南松物种水平和居群水平的遗传多样性都比较高，但材用云南松的遗传多样性在松属中处于中等水平。

材用云南松基于 SRAP 标记分析的居群间遗传分化系数为 0.1013，说明有 10.13% 的遗传变异存在于居群间，而 89.87% 的遗传变异位于居群内，居群间的方差分量百分比为 13%，居群内的方差分量百分比为 87%。居群间遗传分化系数和方差分量百分比皆说明材用云南松群体的遗传多样性主要存在于居群内，而居群间较少，即群体间分化小。这一方面与前人对松属树种分子标记的居群间遗传分化分析结果相似，云南松主分布区的 SSR 分子标记居群间遗传分化系数为 0.052（许玉兰，2015），白皮松 SSR 分子标记居群间的方差分量百分比为 12.00%（周惠娟，2013），油松 ISSR 分子标记居群间的方差分量百分比为 37.53%（李明 等，2013）。另一方面就本研究来说，材用云南松 SRAP 分子标记居群间遗传分化分析结果也与表型性状居群间的表型分化估算结果一致，即两类数据，两种方法均认为材用云南松群体的遗传多样性主要存在于居群内。Wright（1978）认为，当群体基因流 $N_m>1$ 时，证明群体间存在一定的基因流动，可发挥匀质化作用；当 $N_m<1$ 时，群体会被强烈的分化，基因流是群体间遗传结构分化的主要原因；当 $N_m>4$ 时，群体就是一个随机的单位。材用云南松居群间基因流为 4.4357，说明居群间的基因流水平较高，而较大的基因流削弱了居群间的遗传差异和遗传分化，这与居群间遗传分化系数和方差分量百分比的分析结果一致，进一步证实了材用云南松群体的遗传多样性主要存在于居群内。

　　依据 SRAP 分子标记的 669 个多态位点，通过聚类分析，将 26 个材用云南松居群分为三大类，聚类结果从整体上看，大部分居群表现出地理相邻的特点。26 个居群两两之间的遗传相似系数在 0.9581~0.9960 之间，贵州兴义和云南镇雄 2 个居群的遗传相似系数最大，云南双江②和云南福贡 2 个居群的遗传相似系数最小。基于 SRAP 分子标记的材用云南松各居群及群体总的遗传多样性参数分析认为，26 个居群中，四川米易、西藏察隅和云南新平 3 个居群的遗传多样性较其余 23 个居群更为丰富，云南镇雄居群的遗传多样性最低。本研究利用 SRAP 分子标记，阐明了材用云南松的遗传多样性在松属中处于中等水平；材用云南松的遗传变异主要存在于居群内；找出了遗传多样性相对丰富的具体居群（四川米易、西藏察隅和云南新平），从 SRAP 分子标记角度，为材用云南松核心种质构建中组内抽样比例的确定和原地保存策略研究中优先保存群体的确定提供基础数据和依据。

基于表现型值的材用云南松核心种质构建策略

4.1　研究材料

本部分研究所用的材用云南松样株、各样株针叶及球果采集数量和要求、各样株生长性状指标选择与 2.1 相同。

4.2　研究方法

4.2.1　表型性状测定

各样株的表型性状指标和测定方法与 2.2.1 相同。

4.2.2　表型性状数据标准化

利用表现型值构建核心种质的中心工作是依据一定数量的表型性状数据，采用某种遗传距离与合适的组间连接方法进行聚类，利用某种方法删除样品，缩减群体规模。但是表型性状间存在量纲的差异，无法满足聚类分析对数据的要求，为消除量纲的影响，就需要对表型性状进行无量纲化处理，即数据标准化。本研究的表型性状全部为数量性状，参考刘德浩等关于表型性状标准化的方法（刘德浩 等，2013；徐宁 等，2008），对测定的数量性状值按标准差进行数据标准化，做 10 级分级，1 级 ≤ $X{-}2\delta$，10 级 > $X{+}2\delta$，中间每级间的差是 0.5δ，X 为性状平均值，δ 为其标准差。

4.2.3　核心种质的构建

保存种质资源，构建核心种质首先要对整个材料按某一原则进行分类，将其分为互不重叠的小组，再从各小组中抽取样品组成核心种质，参考徐宁等关于核心种质构建中分组的方法（赵冰 等，2007；徐宁 等，2008），本书将原种质资源按种源区分为四组，在组内按地理来源分为 26 个小组（表 2-1）。以小组为单位，利用 18 个表型性状标准化数据进行聚类分析，样株间遗传距离采用欧式距离，聚类方法采用不加权类平均法（UPGMA），通过 NTSYSpc2.10s 软件进行聚类。完成对材料的聚类分析后，取样前，首先要对总的种质资源确定总体抽样比例，总体抽样比例会影响核心种质的规模和代表性，本书设定 10%、20%、30%、40% 共 4 个抽样比例，探讨筛选适合的抽样比例。组内取样时采用系统取样的多样性指数法来确定各组的取样量，各组具体哪个样株进入核心种质，则由取样方法来解决，研究参考徐海明、刘宁宁抽样策略的筛选（徐海明，2005；刘宁宁，2007），采用改进的最小距离逐步取样法来构建种质子集。

系统取样的多样性指数法是来确定各小组的取样量的，即各小组的取样量由组内多样性所占整体多样性的比例来定（赵冰 等，2007）。多样性指数计算采用 Shannon-weaver 信息指数（赵冰 等，2007），先计算出一个小组中每个表型性状的 Shannon-weaver 信息指数，然后求出这 18 个表型性状 Shannon-weaver 信息指数的平均值作为该小组的多样性指数，同样的方法求出其他小组的多样性指数。进而每个小组的多样性指数占整个群体的多样性指数的比例即可算出。总体抽样比例确定以后，依据各小组内多样性所占整体多样性的比例，就可确定各小组的具体取样量。

Shannon–weaver 信息指数：

$$H'=-\sum_{i=1}^{n}P_i\ln P_i \tag{4.1}$$

其中：P_i 是某性状第 i 级别内样株数量占总样株数量的百分比；n 为某性状数据标准化的级别数（赵冰 等，2007；徐宁 等，2008）。

改进的最小距离逐步取样法是根据每次聚类结果找出遗传距离最小的一个组，删除该组中比保留的样品有更小的与种质群体其他样品间的最小遗传距离的样品（刘宁宁，2007）。具体步骤：计算原始群体各个样株间的遗传距离，根据遗传距离进行聚类，然后依据聚类结果找出遗传距离最小的一个组，定向删除该组中的一个样株，另一个样株被保留进入下一轮聚类，再对保留样株重新计算遗传距离并聚类，进而用与上述同样的方法对群体进行逐步缩减，直到保留样株的数量达到设定的抽样比例为止。

4.2.4 核心种质的检测评价

针对种质子集构建的数据类型为连续性数据——数量性状的表现型值的特点，为了比较不同抽样比例所构建的种质子集对原种质的代表性，筛选材用云南松核心种质构建的抽样比例，并得到其核心种质，参考刘娟等、刘德浩等对基于表现型值构建的核心种质代表性检测所用方法和参数（徐宁 等，2008；刘娟 等，2015；刘德浩 等，2013），一方面对原种质与不同抽样比例种质子集进行不同性状的均值 t 检验（利用表型性状指标实测值）、方差 F 检验（利用表型性状指标实测值）、频率分布 c^2 检验（利用表型性状指标数据标准化值）、表型相关性分析（利用表型性状指标实测值）和 Shannon–Weaver 遗传多样性指数分析（利用表型性状指标数据标准化值），以检测原种质与种质子集均值是否有差异、变异是否同质、表型频率分布是否一致、各性状复杂的相关性在核心种质中是否得到了相应保持、表型遗传多样性是否存在差异，同时结合种质子集的表型保留比例（利用表型性状指标数据标准化值）、均值差异百分率（利用表型性状指标数据标准化值）、方差差异百分率（利用表型性状指标实测值）、极差符合率（利用表型性状指标实测值）和变异系数变化率（利用表型性状指标实测值）5 个评价参数分析，全面深入的对不同抽样比例种质子集的代表性进行评价。上述参数检验计算通过 SPSS 17.0 软件和 EXCEL 2007 完成。

均值 t 检验采用双总体检验中的独立样本 t 检验。表型相关性分析通过 Pearson 相关系数进行双侧检验。Shannon–weaver 遗传多样性指数（信息指数）计算公式见公式（4.1）。表型保留比例（RPR）用来检测种质子集中是否保留了足够的变异，是检验种质子集实用性的有效参数，其计算公式：

$$RPR=\frac{\sum_{i=1}^{n}M_i}{\sum_{i=1}^{n}M_{io}} \tag{4.2}$$

其中：M_{io} 为原种质群体中第 i 个性状的表现型个数；M_i 为种质子集群体中第 i 个性状的表现型个数，n 为性状数量（徐宁 等，2008）。

均值差异百分率（MD）的计算公式：

$$MD= \frac{1}{n} \sum_{i=1}^{n} \left(1-\sum_{i=1}^{m}P_{ij}^2 \right) \tag{4.3}$$

其中：P_{ij} 为第 i 个数量性状第 j 种表现型的频率；m 为第 i 个数量性状表现型的数目；n 为数量性状的个数（刘德浩 等，2013），检验时分别计算出种质子集的 MD 和原种质的 MD，两个种质群体的均值差异百分率 =（$MD_{核心种质}-MD_{原种质}$）× 100%。

方差差异百分率（VD）的计算公式：

$$VD= \frac{S_F}{n} \times 100\% \tag{4.4}$$

其中：S_F 为种质子集与原种质两个群体进行方差 F 检验时得到的存在显著差异的性状数目；n 是数量性状总数目（刘德浩 等，2013）。

极差符合率（CR）的计算公式：

$$CR= \frac{1}{n} \sum_{i=1}^{n} \frac{R_{C(i)}}{R_{O(i)}} \times 100\% \tag{4.5}$$

其中：$R_{C(i)}$ 为种质子集第 i 个数量性状的极差；$R_{O(i)}$ 为原种质第 i 个数量性状的极差；n 为数量性状总数目（刘德浩 等，2013）。

变异系数变化率（VR）的计算公式：

$$VR= \frac{1}{n} \sum_{i=1}^{n} \frac{CV_{C(i)}}{CV_{O(i)}} \times 100\% \tag{4.6}$$

其中：$CV_{C(i)}$ 为种质子集第 i 个数量性状的变异系数；$CV_{O(i)}$ 为原种质第 i 个数量性状的变异系数；n 为数量性状总数目（刘德浩 等，2013）。

变异系数（CV）的计算公式：

$$CV=\delta/\mu \tag{4.7}$$

其中：δ 为数据的标准差，μ 为数据的均值。

4.2.5　核心种质的确认

采用 SAS8.1 软件，参考刘娟等核心种质确认的方法（刘娟 等，2015），通过 INSIGHT 模块做主成分分析，比较原种质与种质子集各自提取的特征值和累积贡献率以及各自基于主成分的样品分布散点图，从遗传多样性和样品间的聚类分布关系方面评价种质子集的代表性和实用性，对所构建的核心种质进行确认。

4.3　结果与分析

4.3.1　原种质集与不同抽样比例种质子集性状指标的均值 t 检验和方差 F 检验

不同抽样比例所构建的 4 个种质子集与原种质集的 18 个数量性状均值 t 检验和方差 F 检验结果（表 4–1）表明：4 个种质子集与原种质集的均值 t 检验皆无显著差异，表明原种质集与种质子集均值间无差异，从 t 检验角度来说，4 个种质子集皆可代表原种质集；F 检验中，40% 抽样比例构建的种质子集的 18 个数量性状中有 11 个性状与原种质集存在显著差异，且该种质子集中的这

表4-1　材用云南松原种质集与不同抽样比例种质子集18个性状平均值、方差的比较及检验

性状	原种质集 平均值±标准差	原种质集 方差	种质子集（40%抽样比例） 平均值±标准差	t检验	方差	F检验	种质子集（30%抽样比例） 平均值±标准差	t检验	方差	F检验	种质子集（20%抽样比例） 平均值±标准差	t检验	方差	F检验	种质子集（10%抽样比例） 平均值±标准差	t检验	方差	F检验
L_N（cm）	23.76±3.35	11.25	23.76±3.65	NS	13.35	NS	23.91±3.87	NS	15.00	*	23.88±4.10	NS	16.79	*	23.76±3.72	NS	13.83	NS
W_N（mm）	0.65±0.11	0.01	0.65±0.13	NS	0.02	*	0.66±0.14	NS	0.02	*	0.66±0.14	NS	0.02	*	0.66±0.15	NS	0.02	*
L_{FS}（cm）	18.34±3.65	13.29	18.48±3.90	NS	15.20	NS	18.40±4.09	NS	16.73	*	18.43±4.26	NS	18.11	*	18.86±4.10	NS	16.78	NS
W_F（mm）	1.42±0.24	0.06	1.43±0.28	NS	0.08	*	1.43±0.29	NS	0.08	*	1.44±0.30	NS	0.09	*	1.45±0.31	NS	0.10	*
L_N/W_N	376.17±68.98	4758.08	378.59±77.36	NS	5984.08	*	379.39±79.96	NS	6393.24	*	380.83±85.49	NS	7307.75	*	382.19±89.70	NS	8045.65	*
L_N/L_{FS}	13.48±2.60	6.76	13.45±2.85	NS	8.10	*	13.63±2.94	NS	8.62	*	13.60±2.91	NS	8.45	*	13.21±2.75	NS	7.57	NS
W_F/W_N	2.20±0.23	0.05	2.22±0.27	NS	0.08	*	2.21±0.28	NS	0.08	NS	2.23±0.29	NS	0.08	NS	2.26±0.35	NS	0.12	*
W_C（g）	41.04±14.08	198.11	41.21±15.40	NS	237.09	*	41.04±16.28	NS	264.96	*	41.24±15.99	NS	255.77	*	40.64±17.19	NS	295.53	*
L_C（mm）	68.65±9.97	99.36	68.64±10.80	NS	116.68	*	68.48±11.31	NS	127.98	*	68.84±11.63	NS	135.15	*	68.32±13.28	NS	176.34	*
D_C（mm）	38.07±4.45	19.77	38.09±4.89	NS	23.91	*	38.01±5.17	NS	26.75	*	38.06±5.20	NS	27.07	*	37.64±5.47	NS	29.96	*
L_C/D_C	1.81±0.18	0.03	1.80±0.19	NS	0.04	*	1.80±0.19	NS	0.04	NS	1.81±0.20	NS	0.04	NS	1.81±0.20	NS	0.04	NS
L_{SW}（cm）	2.16±0.28	0.08	2.19±0.30	NS	0.09	*	2.18±0.32	NS	0.10	*	2.19±0.31	NS	0.10	*	2.17±0.36	NS	0.13	*
W_{SW}（cm）	0.66±0.07	0.01	0.66±0.08	NS	0.01	NS	0.65±0.09	NS	0.01	NS	0.66±0.09	NS	0.01	NS	0.66±0.11	NS	0.01	NS
L_{SW}/W_{SW}	3.34±0.37	0.14	3.38±0.42	NS	0.18	*	3.39±0.45	NS	0.21	*	3.40±0.47	NS	0.22	*	3.37±0.50	NS	0.25	*
W_{TS}（g）	16.30±3.60	12.96	16.13±3.65	NS	13.35	NS	16.10±3.73	NS	13.95	NS	16.17±3.91	NS	15.26	NS	16.52±3.85	NS	14.83	NS
H_{UB}（m）	4.74±2.15	4.63	4.74±2.33	NS	5.45	NS	4.64±2.32	NS	5.39	NS	4.48±2.22	NS	4.92	NS	4.43±2.13	NS	4.52	NS
D_{LC}（m）	5.23±1.55	2.40	5.33±1.76	NS	3.11	*	5.29±1.78	NS	3.17	*	5.41±1.83	NS	3.36	*	5.44±2.04	NS	4.16	*
D_{SC}（m）	4.77±1.36	1.85	4.98±1.58	NS	2.50	NS	4.98±1.59	NS	2.54	*	5.07±1.67	NS	2.80	NS	5.04±1.8	NS	3.24	*

L_N：针叶长；W_N：针叶宽；L_{FS}：叶鞘长；W_F：针叶束宽；L_N/W_N：针叶长/针叶宽；L_N/L_{FS}：针叶长/叶鞘长；W_F/W_N：针叶束宽/针叶宽；W_C：球果质量；L_C：球果长；D_C：球果直径；L_C/D_C：球果长/球果直径；L_{SW}：种翅长；W_{SW}：种翅宽；L_{SW}/W_{SW}：种翅长/种翅宽；W_{TS}：千粒重；H_{UB}：枝下高；D_{LC}：长冠径；D_{SC}：短冠径。

*：原种质集与种质子集在0.05水平上差异显著；NS：原种质集与种质子集在0.05水平上差异不显著。

11 个性状的方差皆大于原种质集，表明该种质子集较原种质集在这 11 个性状上样本取值分散程度更大，即获得了更大的变异。类似的，30% 抽样比例构建的种质子集有 14 个性状与原种质集存在显著差异，20% 抽样比例构建的种质子集有 15 个性状与原种质集存在显著差异，10% 抽样比例构建的种质子集有 12 个性状与原种质集存在显著差异；结合均值 t 检验和方差 F 检验结果分析认为，不同抽样比例所构建的 4 个种质子集均能够代表原种质集。

4.3.2　原种质集与不同抽样比例种质子集性状指标的频率分布 x^2 检验

不同抽样比例所构建的 4 个种质子集与原种质集的 18 个数量性状频率分布 x^2 检验和各等级频率分布结果（表 4-2、表 4-3）表明：4 个种质子集与原种质集的 18 个数量性状频率分布 x^2 检验中，40% 抽样比例、30% 抽样比例和 20% 抽样比例构建的种质子集的 18 个性状的频率分布皆与原种质集无显著差异，说明这 3 个种质子集的表型分布与原种质集一致，10% 抽样比例构建的种质子集的 18 个性状中，种翅宽、短冠径两个性状的频率分布与原种质集分别有极显著差异和显著差异，表明该种质子集的这两个性状的表型分布与原种质集不一致；4 个种质子集与原种质集的 18 个数量性状各等级频率分布情况统计中，4 个种质子集与原种质集的频率分布规律基本相同，只是随着抽样比例的降低位于两端等级的样品的频率逐渐增大，说明在构建核心种质时，适当增加了比较极端的材料，而减少了中间材料，从而减少了冗余。综上所述，认为40% 抽样比例、30% 抽样比例和 20% 抽样比例构建的种质子集皆可有效代表原种质集。

表 4-2　云南松原种质集与不同抽样比例种质子集 18 个性状均值各标准化等级上的频率分布

种质群体	级别									
	1	2	3	4	5	6	7	8	9	10
原种质集	1.50%	4.09%	9.39%	16.49%	22.13%	19.13%	12.93%	7.49%	3.81%	3.04%
种质子集（40% 抽样比例）	2.02%	4.78%	10.41%	16.05%	19.51%	17.47%	12.26%	7.76%	4.98%	4.77%
种质子集（30% 抽样比例）	2.45%	5.12%	11.09%	15.18%	19.26%	16.57%	11.72%	7.93%	5.37%	5.31%
种质子集（20% 抽样比例）	2.98%	4.83%	11.04%	14.87%	18.78%	16.24%	11.41%	8.27%	5.68%	5.88%
种质子集（10% 抽样比例）	3.54%	5.04%	11.71%	15.54%	18.31%	14.30%	10.29%	7.52%	6.67%	7.08%

表 4-3　材用云南松原种质集与不同抽样比例种质子集 18 个性状频率分布 x^2 检验

性状	种质群体	分布频率		性状	种质群体	分布频率	
		级数	x^2			级数	x^2
L_N（cm）	OGC--GS（40%）	10	1.928	W_F（mm）	OGC--GS（40%）	10	2.668
	OGC--GS（30%）	10	3.209		OGC--GS（30%）	10	3.916
	OGC--GS（20%）	10	6.134		OGC--GS（20%）	10	5.201
	OGC--GS（10%）	10	6.658		OGC--GS（10%）	10	9.242

续表

性状	种质群体	分布频率		性状	种质群体	分布频率	
		级数	x^2			级数	x^2
W_N (mm)	OGC--GS（40%）	10	2.297	L_N/W_N	OGC--GS（40%）	10	1.535
	OGC--GS（30%）	10	4.622		OGC--GS（30%）	10	3.773
	OGC--GS（20%）	10	6.086		OGC--GS（20%）	10	5.100
	OGC--GS（10%）	10	8.691		OGC--GS（10%）	10	12.186
L_{FS} (cm)	OGC--GS（40%）	10	1.271	L_N/L_{FS}	OGC--GS（40%）	10	1.152
	OGC--GS（30%）	10	2.687		OGC--GS（30%）	10	1.609
	OGC--GS（20%）	10	5.474		OGC--GS（20%）	10	3.547
	OGC--GS（10%）	10	9.187		OGC--GS（10%）	10	6.779
L_C (mm)	OGC--GS（40%）	10	1.120	W_F/W_N	OGC--GS（40%）	10	2.197
	OGC--GS（30%）	10	2.419		OGC--GS（30%）	10	3.726
	OGC--CS（20%）	10	3.970		OGC--GS（20%）	10	3.958
	OGC--GS（10%）	10	14.203		OGC--GS（10%）	10	7.747
D_C (mm)	OGC--GS（40%）	10	1.970	W_C (g)	OGC--GS（40%）	10	1.459
	OGC--GS（30%）	10	4.651		OGC--GS（30%）	10	2.950
	OGC--GS（20%）	10	3.808		OGC--GS（20%）	10	3.780
	OGC--GS（10%）	10	7.720		OGC--GS（10%）	10	14.650
L_{SW} (cm)	OGC--GS（40%）	10	2.060	L_C/D_C	OGC--GS（40%）	10	2.471
	OGC--GS（30%）	10	4.828		OGC--GS（30%）	10	1.975
	OGC--GS（20%）	10	4.586		OGC--GS（20%）	10	4.929
	OGC--GS（10%）	10	10.264		OGC--GS（10%）	10	8.443
W_{SW} (cm)	OGC--GS（40%）	10	2.393	L_{SW}/W_{SW}	OGC--GS（40%）	10	3.190
	OGC--GS（30%）	10	4.770		OGC--GS（30%）	10	5.789
	OGC--GS（20%）	10	7.661		OGC--GS（20%）	10	8.010
	OGC--GS（10%）	10	25.038**		OGC--GS（10%）	10	8.232
W_{TS} (g)	OGC--GS（40%）	10	1.096	D_{LC} (m)	OGC--GS（40%）	10	3.298
	OGC--GS（30%）	10	2.057		OGC--GS（30%）	10	4.638
	OGC--GS（20%）	10	2.044		OGC--GS（20%）	10	5.738
	OGC--GS（10%）	10	1.712		OGC--GS（10%）	10	9.830
H_{UB} (m)	OGC--GS（40%）	10	2.065	D_{SC} (m)	OGC--GS（40%）	10	4.997
	OGC--GS（30%）	10	2.436		OGC--GS（30%）	10	5.675
	OGC--GS（20%）	10	3.494		OGC--GS（20%）	10	8.617
	OGC--GS（10%）	10	4.729		OGC--GS（10%）	10	19.591*

　　L_N：针叶长；W_N：针叶宽；L_{FS}：叶鞘长；W_F：针叶束宽；L_N/W_N：针叶长/针叶宽；L_N/L_{FS}：针叶长/叶鞘长；W_F/W_N：针叶束宽/针叶宽；W_C：球果质量；L_C：球果长；D_C：球果直径；L_C/D_C：球果长/球果直径；L_{SW}：种翅长；W_{SW}：种翅宽；L_{SW}/W_{SW}：种翅长/种翅宽；W_{TS}：千粒重；H_{UB}：枝下高；D_{LC}：长冠径；D_{SC}：短冠径；OGC：原种质集；GS：种质子集；OGC--GS（40%）：原种质集与40%抽样比例种质子集两个群体，括号中为抽样比例。

　　*：原种质集与种质子集在0.05水平上差异显著；**：原种质集与种质子集在0.01水平上差异显著 S。

4.3.3　原种质集与不同抽样比例种质子集性状指标的表型相关分析

原种质集 18 个数量性状间存在着复杂的相关性（表 4-4），这些相关性在不同抽样比例所构建的 4 个种质子集中都得到了一定程度的保存（表 4-4~ 表 4-6）。其中原种质集中的针叶性状与其他指标间存在的显著或极显著相关性，分别在 4 个种质子集中仍都保持了显著或极显著相关；种实性状则情况不同，原种质集中的种实性状与其他指标间存在的显著或极显著相关性，在 40% 抽样比例构建的种质子集、30% 抽样比例构建的种质子集和 20% 抽样比例构建的种质子集中分别都得到了较好的保持，且千粒重与其他指标间存在的显著或极显著相关性在这 3 个种质子集中都得到了完整保存，但在 10% 抽样比例构建的种质子集中，种实性状与其他指标间的相关性很多则变为不显著，即原种质集性状间的相关性在该种质子集中并未得到较好的保存；生长性状情况与种实性状情况类似，40% 抽样比例构建的种质子集、30% 抽样比例构建的种质子集和20% 抽样比例构建的种质子集中都较好的保持了原种质集性状的相关性，但在 10% 抽样比例构建的种质子集中，生长性状与其他指标间的相关性急剧减少，甚至枝下高与其他指标间的相关性完全消失。从表型相关分析角度来看，40%抽样比例构建的种质子集、30% 抽样比例构建的种质子集和 20% 抽样比例构建的种质子集皆可代表原种质集。

4.3.4　原种质集与不同抽样比例种质子集性状指标的表型遗传多样性指数分析

原种质集与不同抽样比例所构建的 4 个种质子集的 18 个数量性状的表型遗传多样性指数分析结果（表 4-7）表明，种质子集的遗传多样性指数普遍高于原种质集，且遗传多样性指数普遍随着构建种质子集的抽样比例的下降而增大，但当抽样比例降为 10% 时针叶长、枝下高、叶鞘长、针叶长 / 针叶宽、球果长 / 球果直径、种翅长 / 种翅宽、短冠径 7 个性状的遗传多样性指数反而下降，其中针叶长和枝下高的遗传多样性指数甚至低于原种质集，表明按一定抽样比例所构建的种质子集有利于种质资源遗传多样性指数的提高，降低遗传冗余；对原种质集与不同抽样比例所构建的 4 个种质子集的表型遗传多样性指数平均值的方差分析和多重比较结果表明，原种质集分别与 30%抽样比例、20% 抽样比例和 10% 抽样比例构建的种质子集间存在显著差异，且原种质集与 20% 抽样比例构建的种质子集间存在极显著差异，即 20% 抽样比例构建的种质子集的表型遗传多样性指数平均值极显著大于原种质集。综上分析认为 20% 抽样比例构建的种质子集可更好地代表原种质集的表型遗传多样性。

表4-4　材用云南松原种质集（右上角）与40%抽样比例种质子集（左下角）18个性状的表型相关性

性状	L_N (cm)	W_N (mm)	L_{FS} (cm)	W_F (mm)	L_N/W_N	L_N/L_{FS}	W_F/W_N	W_C (g)	L_C (mm)	D_C (mm)	L_C/D_C	L_{SW} (cm)	W_{SW} (cm)	L_{SW}/W_{SW}	W_{TS} (g)	H_{UB} (m)	D_{LC} (m)	D_{SC} (m)
L_N (cm)	—	0.336**	0.494**	0.391**	0.418**	0.183**	0.064	0.322**	0.280**	0.300**	0.067	0.129**	0.061	0.087	0.251**	0.087*	0.021	0.091*
W_N (mm)	0.355**	—	0.264**	0.861**	-0.669**	-0.046	-0.242**	0.264**	0.238**	0.210**	0.106**	0.188**	0.214**	-0.006	0.233**	-0.091**	0.062	0.123**
L_{FS} (cm)	0.467**	0.252**	—	0.294**	0.093**	-0.735**	0.024	0.403**	0.363**	0.402**	0.078*	0.207**	0.092**	0.132**	0.157**	-0.018	-0.083*	-0.031
W_F (mm)	0.378**	0.876**	0.268**	—	-0.490**	-0.049	0.244**	0.341**	0.276**	0.279**	0.078*	0.172**	0.242**	-0.053	0.227**	-0.076	-0.023	0.038
L_N/W_N	0.385**	-0.665**	0.077	-0.513**	—	0.198**	0.372**	-0.011	-0.012	0.021	-0.039	-0.073	-0.132**	0.056	-0.011	0.156**	-0.057	-0.055
L_N/L_{FS}	0.208**	-0.016	-0.736**	-0.027	0.182**	—	0.002	-0.229**	-0.218**	-0.240**	-0.050	-0.119**	-0.053	-0.068	0.021	0.088*	0.137**	0.122**
W_F/W_N	0.015	-0.177**	0.010	0.261**	0.333**	-0.021	—	0.115**	0.060	0.096**	-0.028	-0.034	0.049	-0.089**	-0.021	0.036	-0.164**	-0.153**
W_C (g)	0.338**	0.255**	0.359**	0.326**	0.011	-0.170**	0.126*	—	0.798**	0.873**	0.163**	0.421**	0.404**	0.071	0.442**	-0.118**	-0.101**	-0.015
L_C (mm)	0.271**	0.205**	0.309**	0.241**	0.019	-0.165**	0.081	0.806**	—	0.734**	0.624**	0.470**	0.376**	0.158**	0.399**	-0.022	-0.197**	-0.096**
D_C (mm)	0.309**	0.200**	0.371**	0.265**	0.036	-0.201**	0.102	0.871**	0.735**	—	-0.066	0.448**	0.400**	0.110**	0.344**	-0.146**	-0.164**	-0.086*
L_C/D_C	0.031	0.058	0.022	0.032	-0.011	-0.013	-0.006	0.158**	0.604**	-0.090	—	0.163**	0.078	0.106**	0.187**	0.139**	-0.097**	-0.039
L_{SW} (cm)	0.143*	0.164**	0.188**	0.173**	-0.034	-0.090	0.032	0.397**	0.458**	0.438**	0.154*	—	0.592**	0.553**	0.407**	-0.051	-0.091**	-0.061
W_{SW} (cm)	0.078	0.184**	0.122	0.247**	-0.089	-0.083	0.128*	0.418**	0.384**	0.459**	0.022	0.596**	—	-0.335**	0.429**	-0.072	0.001	0.050
L_{SW}/W_{SW}	0.074	-0.019	0.059	-0.077	0.062	0.012	-0.102	0.007	0.114	0.017	0.146**	0.504**	-0.382**	—	0.028	0.003	-0.116**	-0.121**
W_{TS} (g)	0.246**	0.246**	0.190**	0.245**	-0.025	-0.025	-0.012	0.468**	0.435**	0.361**	0.208**	0.430**	0.454**	0.005	—	-0.017	0.046	0.050
H_{UB} (m)	0.012	-0.147**	-0.046	-0.123*	0.152*	0.063	0.052	-0.069	0.035	-0.092	0.162**	-0.070	-0.057	-0.040	-0.083	—	0.002	0.005
D_{LC} (m)	0.089	0.069	-0.051	-0.021	-0.021	0.141*	-0.180**	-0.088	-0.178**	-0.153**	-0.076	-0.109	-0.065	-0.067	0.047	0.073	—	0.771**
D_{SC} (m)	0.165**	0.077	0.000	0.000	0.037	0.121	-0.141*	0.030	-0.055	-0.030	-0.042	-0.100	-0.009	-0.102	0.040	0.020	0.772**	—

L_N：针叶长；W_N：针叶宽；L_{FS}：叶鞘长；W_F：针鞘长；L_N/W_N：针叶长/针叶宽；L_N/L_{FS}：针叶长/叶鞘长；W_F/W_N：针鞘长/针叶宽；W_C：球果质量；L_C：球果长；D_C：球果直径；L_C/D_C：球果长/球果直径；L_{SW}：种翅长；W_{SW}：种翅宽；L_{SW}/W_{SW}：种翅长/种翅宽；W_{TS}：千粒重；H_{UB}：枝下高；D_{LC}：长冠径；D_{SC}：短冠径。

*：0.05水平上显著相关；**：0.01水平上极显著相关。

表 4-5　材用云南松 30% 抽样比例种质子集（右上角）与 20% 抽样比例种质子集（左下角）18 个性状的表型相关性

性状	L_N (cm)	W_N (mm)	L_{FS} (cm)	W_F (mm)	L_N/W_N	L_N/L_{FS}	W_F/W_N	W_C (g)	L_C (mm)	D_C (mm)	L_C/D_C	L_{SW} (cm)	W_{SW} (cm)	L_{SW}/W_{SW}	W_{TS} (g)	H_{UB} (m)	D_{LC} (m)	D_{SC} (m)
L_N (cm)	—	0.388**	0.511**	0.421**	0.350**	0.160*	0.012	0.385**	0.303**	0.346**	0.037	0.144*	0.092	0.056	0.280**	0.072	0.102	0.188**
W_N (mm)	0.370**	—	0.278**	0.886**	-0.667**	-0.026	-0.202**	0.276**	0.223**	0.223**	0.053	0.187**	0.196**	-0.013	0.263**	-0.154*	0.068	0.077
L_{FS} (cm)	0.549**	0.288**	—	0.305**	0.076	-0.736**	0.020	0.387**	0.328**	0.408**	-0.001	0.190**	0.127	0.046	0.213**	-0.007	-0.043	0.048
W_F (mm)	0.400**	0.897**	0.293**	—	-0.513**	-0.041	0.211**	0.353**	0.268**	0.289**	0.039	0.198**	0.270**	-0.078	0.262**	-0.128	-0.016	0.007
L_N/W_N	0.376**	-0.652**	0.100	-0.518**	—	0.163*	0.368**	0.024	0.027	0.042	0.000	-0.050	-0.092	0.047	-0.017	0.217**	-0.015	0.047
L_N/L_{FS}	0.121	-0.051	-0.731**	-0.039	0.156	—	-0.032	-0.166*	-0.161*	-0.209**	0.010	-0.088	-0.080	0.019	-0.021	0.062	0.143*	0.084
W_F/W_N	0.008	-0.153	-0.032	0.218**	0.341**	0.027	—	0.122	0.085	0.091	0.014	0.029	0.142	-0.117	-0.027	0.068	-0.182*	-0.140*
W_C (g)	0.351**	0.315**	0.370**	0.372**	-0.022	-0.185*	0.092	—	0.823**	0.885**	0.162*	0.420**	0.474**	-0.035	0.513**	-0.052	-0.100	0.014
L_C (mm)	0.318**	0.287**	0.328**	0.313**	-0.011	-0.154	0.053	0.825**	—	0.768**	0.587**	0.510**	0.436**	0.105	0.475**	0.035	-0.191**	-0.092
D_C (mm)	0.342**	0.241**	0.418**	0.298**	0.027	-0.229**	0.079	0.878**	0.756**	—	-0.060	0.450**	0.490**	-0.012	0.415**	-0.054	-0.170*	-0.039
L_C/D_C	0.072	0.129	-0.005	0.100	-0.036	0.042	-0.017	0.194*	0.612**	-0.047	—	0.211*	0.049	0.176*	0.202**	0.129	-0.081	-0.087
L_{SW} (cm)	0.173	0.224*	0.163	0.231**	-0.065	-0.042	0.018	0.407**	0.524**	0.446**	0.225*	—	0.581**	0.496**	0.431**	-0.058	-0.119	-0.134
W_{SW} (cm)	0.087	0.206**	0.085	0.261**	-0.110	-0.054	0.113	0.492**	0.433**	0.495**	0.044	0.560**	—	-0.408**	0.459**	-0.030	-0.038	0.009
L_{SW}/W_{SW}	0.075	0.004	0.041	-0.048	0.047	0.052	-0.103	-0.092	0.094	-0.045	0.182*	0.466**	-0.459**	—	-0.002	-0.052	-0.103	-0.153*
W_{TS} (g)	0.272**	0.253**	0.253**	0.252**	-0.010	-0.084	-0.021	0.503**	0.495**	0.403**	0.242**	0.477**	0.466**	0.018	—	-0.085	0.063	0.035
H_{UB} (m)	0.181*	-0.051	0.033	-0.027	0.227**	0.098	0.059	-0.095	-0.016	-0.076	0.074	-0.034	-0.026	-0.035	-0.114	—	0.031	-0.020
D_{LC} (m)	0.108	0.036	-0.018	-0.023	0.012	0.105	-0.138	-0.183*	-0.235**	-0.219**	-0.084	-0.157	-0.027	-0.144	-0.014	0.085	—	0.763**
D_{SC} (m)	0.236**	0.080	0.108	0.044	0.080	0.057	-0.077	-0.015	-0.105	-0.042	-0.103	-0.125	0.082	-0.213*	0.007	0.007	0.791**	—

L_N：针叶长；W_N：针叶宽；L_{FS}：叶鞘长；W_F：种翅长；W_C：球果质量；L_C：球果长；L_N/W_N：针叶长/针叶宽；L_N/L_{FS}：针叶长/叶鞘长；W_F/W_N：种翅长/针叶宽；L_{SW}：种翅长；W_{SW}：种翅宽；L_{SW}/W_{SW}：种翅长/种翅宽；W_{TS}：千粒重；D_C：球果直径；L_C/D_C：球果长/球果直径；H_{UB}：枝下高；D_{LC}：长冠径；D_{SC}：短冠径。
* ：0.05 水平上显著相关；** ：0.01 水平上极显著相关。

表4-6　材用云南松10%抽样比例种质子集18个性状的表型相关性

性状	L_N(cm)	W_N(mm)	L_{FS}(cm)	W_F(mm)	L_N/W_N	L_N/L_{FS}	W_F/W_N	W_C(g)	L_C(mm)	D_C(mm)	L_C/D_C	L_{SW}(cm)	W_{SW}(cm)	L_{SW}/W_{SW}	W_{TS}(g)	H_{UB}(m)	D_{LC}(m)	D_{SC}(m)
L_N(cm)	—	—	—	—	—	—	—	—	—	—	—	—	—	—	—	—	—	—
W_N(mm)	0.389**	—	—	—	—	—	—	—	—	—	—	—	—	—	—	—	—	—
L_{FS}(cm)	0.492**	0.281*	—	—	—	—	—	—	—	—	—	—	—	—	—	—	—	—
W_F(mm)	0.419**	0.899**	0.281*	—	—	—	—	—	—	—	—	—	—	—	—	—	—	—
L_N/W_N	0.264*	-0.687**	0.007	-0.549**	—	—	—	—	—	—	—	—	—	—	—	—	—	—
L_N/L_{FS}	0.121	-0.046	-0.775**	-0.030	0.150	—	—	—	—	—	—	—	—	—	—	—	—	—
W_F/W_N	-0.039	-0.107	-0.078	0.233**	0.363**	0.041	—	—	—	—	—	—	—	—	—	—	—	—
W_C(g)	0.328**	0.304**	0.296**	0.334**	-0.051	-0.114	0.059	—	—	—	—	—	—	—	—	—	—	—
L_C(mm)	0.290*	0.307**	0.289**	0.312**	-0.067	-0.120	0.032	0.893**	—	—	—	—	—	—	—	—	—	—
D_C(mm)	0.343**	0.208	0.359**	0.266**	0.033	-0.155	0.086	0.897**	0.833**	—	—	—	—	—	—	—	—	—
L_C/D_C	0.066	0.253*	0.039	0.186	-0.146	-0.005	-0.056	0.393**	0.673**	0.159	—	—	—	—	—	—	—	—
L_{SW}(cm)	0.306*	0.189	0.188	0.246	0.021	0.025	0.132	0.570**	0.638**	0.584**	0.321*	—	—	—	—	—	—	—
W_{SW}(cm)	0.115	0.214	0.030	0.314*	-0.135	0.051	0.204	0.605**	0.565**	0.560**	0.240	0.653**	—	—	—	—	—	—
L_{SW}/W_{SW}	0.200	-0.053	0.141	-0.116	0.189	0.006	-0.113	-0.074	0.064	0.008	0.091	0.359**	-0.457**	—	—	—	—	—
W_{TS}(g)	0.196	0.229	0.194	0.295**	-0.070	-0.098	0.126	0.554**	0.580**	0.398**	0.448**	0.612**	0.564**	0.026	—	—	—	—
H_{UB}(m)	0.218	-0.039	0.165	0.001	0.213	-0.044	0.055	-0.068	-0.075	0.043	-0.144	-0.078	0.015	-0.148	-0.169	—	—	—
D_{LC}(m)	0.162	0.130	0.024	0.104	-0.053	0.031	-0.099	-0.146	-0.222	-0.269*	-0.028	-0.200	-0.082	-0.155	-0.056	0.141	—	—
D_{SC}(m)	0.267**	0.151	0.101	0.134	0.014	0.023	-0.060	0.043	-0.046	-0.068	0.010	-0.136	-0.012	-0.140	-0.028	0.139	0.834**	—

L_N：针叶长；W_N：针叶直径；L_{FS}：针叶宽；W_F：叶鞘长；L_N/W_N：针叶长/针叶宽；L_N/L_{FS}：针叶长/针叶宽；W_F/W_N：针叶束宽；W_C：球果质量；L_C：球果长；D_C：球果直径；L_C/D_C：球果长/球果直径；L_{SW}：种翅长；W_{SW}：种翅宽；L_{SW}/W_{SW}：种翅长/种翅宽；W_{TS}：干粒重；H_{UB}：枝下高；D_{LC}：长冠径；D_{SC}：短冠径。

*：0.05水平上显著相关；**：0.01水平上极显著相关。

表 4-7　材用云南松原种质集与不同抽样比例种质子集表型 Shannon-Weaver 遗传多样性指数比较

性状	Shannon-Weaver 多样性指数				
	种质子集 （10% 抽样比例）	种质子集 （20% 抽样比例）	种质子集 （30% 抽样比例）	种质子集 （40% 抽样比例）	原种质集
L_N（cm）	2.071	2.180	2.173	2.133	2.081
W_N（mm）	2.231	2.191	2.184	2.136	2.051
L_{FS}（cm）	2.113	2.198	2.180	2.145	2.094
W_F（mm）	2.208	2.199	2.175	2.151	2.046
L_N/W_N	2.082	2.129	2.116	2.109	2.047
L_N/L_{FS}	2.119	2.099	2.087	2.064	2.008
W_F/W_N	1.963	1.943	1.925	1.952	1.886
W_C（g）	2.181	2.172	2.153	2.107	2.068
L_C（mm）	2.218	2.152	2.156	2.123	2.054
D_C（mm）	2.209	2.156	2.144	2.126	2.049
L_C/D_C	2.104	2.177	2.137	2.149	2.080
L_{SW}（cm）	2.221	2.141	2.143	2.140	2.056
W_{SW}（cm）	2.125	2.117	2.127	2.122	2.024
L_{SW}/W_{SW}	2.089	2.144	2.128	2.097	2.042
W_{TS}（g）	2.138	2.104	2.072	2.082	2.084
H_{UB}（m）	1.776	1.901	1.972	1.977	1.910
D_{LC}（m）	2.093	2.089	2.061	2.056	1.983
D_{SC}（m）	2.136	2.176	2.147	2.132	2.048
平均值	2.115 ± 0.109aAB	2.126 ± 0.082aA	2.116 ± 0.071aAB	2.100 ± 0.056abAB	2.034 ± 0.057bB

L_N：针叶长；W_N：针叶宽；L_{FS}：叶鞘长；W_F：针叶束宽；L_N/W_N：针叶长 / 针叶宽；L_N/L_{FS}：针叶长 / 叶鞘长；W_F/W_N：针叶束宽 / 针叶宽；W_C：球果质量；L_C：球果长；D_C：球果直径；L_C/D_C：球果长 / 球果直径；L_{SW}：种翅长；W_{SW}：种翅宽；L_{SW}/W_{SW}：种翅长 / 种翅宽；W_{TS}：千粒重；H_{UB}：枝下高；D_{LC}：长冠径；D_{SC}：短冠径。

小写字母 a、b 标注 0.05 水平上的差异显著性；大写字母 A、B 标注 0.01 水平上的差异显著性；平均值方差分析 F=4.151，P=0.004。

4.3.5　不同抽样比例种质子集表型保留比例、均值差异百分率、变异系数变化率、极差符合率、方差差异百分率对比分析

不同抽样比例所构建的 4 个种质子集的均值差异百分率皆小于 20%，极差符合率皆大于 80%，说明 4 个种质子集对原种质集的遗传多样性都有较好的代表性，均符合核心种质的要求（表 4-8）。20% 抽样比例时，变异系数变化率和方差差异百分率最大、极差符合率和表型保留比例较大、均值差异百分率较

小、种质子集样株数量较少（减少种质资源保存的工作量），评价参数值综合来说优于其他 3 种抽样比例，因此认为 20% 抽样比例在构建云南松材用种质资源的核心种质库时更具有效性和实用性。

表 4-8　材用云南松不同抽样比例种质子集评价参数比较

种质子集取样比例（%）	表型保留比例（%）	均值差异百分率（%）	变异系数变化率（%）	极差符合率（%）	方差差异百分率（%）	种质子集样株数量
40	100.000	6.082	110.308	94.142	61.111	312
30	100.000	6.378	115.327	93.674	77.778	234
20	99.441	6.363	124.448	91.099	83.333	156
10	98.324	6.576	117.364	85.804	66.667	78

4.3.6　核心种质的确认

以 18 个数量性状为源数据，分别对原种质集（780 个样株）和 20% 抽样比例构建的核心种质库（156 个样株）做主成分分析（表 4-9、图 4-1、图 4-2）。原种质集与核心种质库皆提取了 7 个特征值大于 1 的主成分，原种质集与核心种质库所提取的主成分的累积贡献率分别为 79.376% 和 83.539%，核心种质库的主成分累积贡献率大于原种质集且大于 80% 接近 85%，表明提取同样数量的主成分，核心种质库能够解释的表型遗传信息的量大于原种质集，由于核心种质库剔除了更多的重复种质，因而其代表性和实用性更强；对比原种质集与核心种质库样株分布散点图发现，核心种质库的样株分布整体范围与原种质集的基本一致，且分布范围外缘的样株被大量保留在了核心种质库中，而分布范围中心区域大量重叠的样株在核心种质库中保留的较少，从而减少了核心种质库中的冗余。通过上述主成分分析，确认了 20% 抽样比例构建的核心种质库可以作为云南松材用种质资源的代表性样本。

表 4-9　材用云南松原种质集与核心种质库主成分分析的特征值和累积贡献率比较

主成分	原种质集			种质子集（20% 抽样比例）		
	特征值	贡献率（%）	累积贡献率（%）	特征值	贡献率（%）	累积贡献率（%）
1	4.375	24.303	24.303	4.949	27.497	27.497
2	2.316	12.868	37.171	2.490	13.831	41.328
3	1.838	10.209	47.381	1.973	10.960	52.288
4	1.625	9.029	56.410	1.797	9.983	62.271
5	1.467	8.148	64.558	1.465	8.140	70.411
6	1.430	7.945	72.503	1.320	7.331	77.742
7	1.237	6.873	79.376	1.043	5.797	83.539

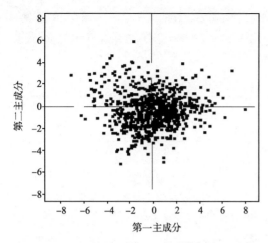

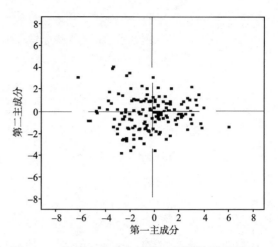

图 4-1　基于主成分分析的云南松原种质集样株分布散点图

图 4-2　基于主成分分析的云南松核心种质库（20% 抽样比例）样株分布散点图

4.4　结论与讨论

云南松作为我国西南地区的主要乡土造林树种，分布范围较广，且边缘分布区有更大的遗传变异（许玉兰，2015），种质资源收集、保存时，主分布区和边缘分布区皆不可或缺。本研究的原种质群体既涵盖了云南松的全分布区域，又包括了绝大部分种子园建设材料的来源区域，因此具有对该树种种质资源的可靠代表性。野外调查中发现，云南松不同居群间和同一居群不同单株间针叶、球果和生长表型性状的变异都较丰富，本书在借鉴许玉兰（2015）研究云南松遗传多样性中所用的针叶和球果表型性状的基础上，增加了与材用性密切相关的生长表型性状，因此基于表型性状进行核心种质构建时主要以这三类共计 18 个表型性状作为源数据，表型性状选择合理、可靠。

研究抽样策略，首先要考虑总的种质资源的分组原则和分组方法，Diwan 等（1995）认为，分组方法构建的核心种质比大随机方法构建的核心种质对整个种质资源的代表性好，结合云南松的表型性状和 SRAP 分子标记在群体间和群体内的变异规律，以不同地理来源的居群为单位分组构建核心种质更为有效。根据前人的研究结果（李自超 等，2000；刘宁宁，2007；赵冰 等，2007；徐海明，2005），本书的抽样方法采用了多样性指数法和改进的最小距离逐步取样法，使组内取样更具针对性、有效性和可靠性。构建核心种质的数据类型有五种：农艺形态等性状数据、分子标记数据、基因型值数据、农艺形态等常规性状数据结合分子标记数据、基因型值数据结合分子标记数据（刘宁宁，2007）。农艺形态等性状数据易于鉴别和获取，一直以来都是构建核心种质的常用数据（Reddy，2005；Upadhyaya；2007；赵冰 等 2007；魏志刚 等 2009a，2009b；向青，2012）。本研究以材用云南松的表现型值为基础数据，设 10%、20%、30%、40% 4 个抽样比例，分别构建不同抽样比例的种质子集，利用数量性状检测指标评价种质子集对原种质集的代表性，探讨基于表现型值的适宜抽样策略，获得材用云南松核心种质。

不同抽样比例 4 个种质子集与原种质集的 18 个数量性状均值 t 检验和方差 F 检验结果分析认为，不同抽样比例 4 个种质子集均能够代表原种质集。4 个种质子集与原种质集的 18 个数量性状频率分布 x^2 检验中，40%、30% 和 20% 抽样比例种质子集的表型分布与原种质集均无显著差异，认为 40%、30% 和 20% 抽样比例种质子集皆可有效代表原种质集。原种质集中的针叶性状与其他指标间存在的显著或极显著相关性，分别在 4 个种质子集中仍都保持了显著或极显著相关，原种质集中的种实性状、生长性状分别与其他指标间存在的显著或极显著相关性，在 10% 抽样比例种质子集中，很多则变为不显著，认为 40%、30% 和 20% 抽样比例构建的种质子集皆可代表原种质集。

表型遗传多样性指数分析发现，种质子集的遗传多样性指数普遍高于原种质集，且遗传多样性指数普遍随着抽样比例的下降而增大，但当抽样比例降为 10% 时有 7 个性状的遗传多样性指数反而下降；表型遗传多样性指数方差分析和多重比较结果发现，20% 抽样比例种质子集的表型遗传多样性指数极显著大于原种质集，认为 20% 抽样比例种质子集可更好地代表原种质集的表型遗传多样性。不同抽样比例 4 个种质子集的均值差异白分率皆小于 20%，极差符合率皆大于 80%，4 个种质子集均符合核心种质库的要求。20% 抽样比例时，变异系数变化率和方差差异百分率最大、极差符合率和表型保留比例较大、均值差异百分率较小、种质子集样株数量较少，评价参数值综合优于其他 3 种抽样比例。

综合均值 t 检验和方差 F 检验、频率分布 x^2 检验、表型性状相关性分析、表型遗传多样性指数分析及 5 个常用评价参数分析结果，认为 20% 抽样比例在构建材用云南松种质资源核心库时更具有效性和实用性。进而对原种质集和 20% 抽样比例种质子集进行主成分分析，发现提取同样数量的主成分，种质子集能够解释的表型遗传信息的量大于原种质集，种质子集的样株分布整体范围与原种质集的基本一致，且分布范围外缘的样株被大量保留了在了种质子集中，而分布范围中心区域大量重叠的样株在种质子集中保留的较少。确认了基于表现型值，采用 20% 抽样比例构建的种质子集可以作为材用云南松种质资源的代表性样本。

本研究基于表现型值构建核心种质策略中，确定的适合的抽样比例为 20%，符合李自超等（2000）提出的不同植物核心种质的抽样比例应为原群体的 5%~30% 的要求，且与油桐（*Vernicia fordii*）20% 最佳取样比例（向青，2012）、杏（*Armeniaca vulgaris*）25% 最适宜取样比例（刘娟 等，2015）等其他林木核心种质构建的抽样比例相当。因此，基于表现型值数据构建核心种质时，按地理来源分组、采用欧氏距离和不加权类平均法聚类、20% 抽样比例、多样性指数法和改进的最小距离逐步取样法组内取样的策略，为材用云南松核心种质构建的适宜抽样策略；并构建出包含 156 株样株的核心种质库。

基于 SRAP 分子标记数据的
材用云南松核心种质构建策略

5.1　研究材料

本部分研究所用的材用云南松样株与 2.1 中相同。各样株针叶采集数量和要求、针叶保存方法皆与 3.1 中相同。

5.2　研究方法

5.2.1　SRAP 分子标记

SRAP 分子标记部分涉及的材用云南松干叶 DNA 提取和检测、SRAP–PCR 反应体系和扩增程序、SRAP 标记所用的引物、SRAP–PCR 扩增产物检测及 SRAP 标记数据分析等研究方法皆与 3.2 中的相应研究方法相同。

5.2.2　核心种质的构建

由于分层取样明显优于完全随机取样（赵冰 等，2007），因此本部分研究的取样策略与基于表现型值构建材用云南松种质保存库的分层取样方法一样，参考徐宁等关于核心种质构建中分组的方法（赵冰 等，2007；徐宁 等，2008），将原种质资源按种源区分为 4 组，在组内按地理来源分为 26 个小组（表 2–1）。以小组为单位，利用 3.3.2 部分筛选出的 10 对引物，进行 SRAP–PCR 扩增，将扩增产物经荧光标记毛细管电泳检测，共检测出 669 个多态位点，以这些多态位点的分子标记数据为源数据进行聚类分析，样株间遗传距离采用 Nei's 距离，聚类方法采用不加权类平均法（UPGMA），通过 NTSYSpc2.10e 软件进行聚类。完成对材料的聚类分析后，取样前，首先要对总的种质资源确定总体抽样比例，总体抽样比例会影响核心种质库的规模和代表性，本部分研究设定 10%、20%、30%、40% 共 4 个抽样比例，探讨筛选适合的抽样比例。组内取样时采用系统取样的多样性指数法来确定各组的取样量，各组具体哪个样株进入核心种质库，则由取样方法来解决，本书参考徐海明、刘宁宁抽样策略的筛选（徐海明，2005；刘宁宁，2007），采用改进的最小距离逐步取样法来构建种质子集。系统取样的多样性指数法和改进的最小距离逐步取样法的具体解释详见 4.2.3 部分。

5.2.3　核心种质的检测评价

通过 POPGENE32 软件，获取间断性数据——分子标记的遗传多样性指标，诸如多态位点数（NPL）、多态位点百分率（PPL）、等位基因数（Na）、有效等位基因数（Ne）、Nei's 遗传多样性指数（H）、Shannon's 多样性信息指数（I）、群体总的遗传多样性（Ht）和居群内的遗传多样性（Hs）（许玉兰，2015），并通过 EXCEL 2007 计算等位基因保留率（RRA）指标，从而分析原种质与不同抽样比例种质子集的遗传多样性的异同；参考玉苏甫、张丹对核心种质代表性检测所用方法和参数（玉苏甫·阿不力提甫，2014；张丹，2010），通过 SPSS 17.0 软件和 EXCEL 2007 完成对原种质与不同抽样比例种质子集遗传多样性评价参数的均值 t 检验、方差 F 检验和相关系数分析，以检测原种质与种质子集遗传多样性指标均值是否有差异、变异是否同质以及相关性是否得到了保持，对不同抽样比例种质子集的代表性进行评价，筛选材用云南松核心种质库构建的抽样比例，并得到其核心种质库。

5.2.4　核心种质的确认

参考玉苏甫、张丹核心种质确认的方法（玉苏甫·阿不力提甫，2014；张丹，2010），采用 POPGENE32 软件计算遗传距离，并通过 EXCEL2007 分别找到和计算出最小遗传距离、最大遗传距离和平均遗传距离；利用 NTSYSpc2.10e 软件，依据样株间的遗传相似矩阵，采用 Nei's 距离和不加权类平均法（UPGMA），进行居群间的聚类分析，获得树状聚类图；以 SRAP 分子标记 0-1 矩阵为源数据，通过 GenA1Ex 6.14 软件作分子方差分析，得到居群间和居群内的均方、方差分量及方差分量百分比（许玉兰，2015），比较原种质与种质子集各自的特征，从遗传多样性和样品间的聚类分布关系方面评价种质子集的代表性和实用性，对所构建的核心种质库进行确认。

5.3　结果与分析

5.3.1　原种质集与不同抽样比例种质子集遗传多样性比较

材用云南松原种质集与不同抽样比例种质子集遗传多样性研究结果表明（表 5-1），与原种质集相比，材用云南松 4 个抽样比例（40%、30%、20%、10%）种质子集的多态位点数（648~608）、多态位点保留率（96.85%~90.88%）、观测等位基因数（1.9686%~1.9088）和等位基因保留率（98.43%~95.44%）均随着抽样比例的减小而降低，但多态位点保留率仍保持在 90% 以上且等位基因保留率均大于 95%；有效等位基因数、Nei's 遗传多样性指数、Shannon's 多样性信息指数、群体总的遗传多样性和居群内的遗传多样性 5 个评价参数，均随着抽样比例的减小呈先增大后减小的变化趋势，且最小值均为 10% 抽样比例种质子集，同时该子集居群内的遗传多样性小于原种质。因此，从遗传多样性来看，40%、30% 和 20% 抽样比例种质子集相较 10% 抽样比例种质子集对原种质的代表性更好。

表 5-1　材用云南松原种质集与不同抽样比例种质子集遗传多样性

评价参数	原种质集	种质子集 （40% 抽样比例）	种质子集 （30% 抽样比例）	种质子集 （20% 抽样比例）	种质子集 （10% 抽样比例）
QG	780	312	234	156	78
NPL	669	648	643	633	608
PPL（%）	100.00	96.86	96.11	94.62	90.88
Na	2.0000	1.9686	1.9611	1.9462	1.9088
RRA（%）	100.00	98.43	98.06	97.31	95.44
Ne	1.2898	1.3010	1.3010	1.3023	1.2954
H	0.1825	0.1902	0.1912	0.1930	0.1911

续表

评价参数	原种质集	种质子集 （40% 抽样比例）	种质子集 （30% 抽样比例）	种质子集 （20% 抽样比例）	种质子集 （10% 抽样比例）
I	0.2933	0.3055	0.3076	0.3107	0.3091
Ht	0.1825	0.1902	0.1912	0.1930	0.1911
Hs	0.1641	0.1693	0.1682	0.1651	0.1456

QG：种质数量；NPL：多态位点数；PPL：多态位点百分率；Na：等位基因数；RRA：等位基因保留率；Ne：有效等位基因数；H：Nei's 遗传多样性指数；I：Shannon's 多样性信息指数；Ht：群体总的遗传多样性；Hs：居群内的遗传多样性。

5.3.2　原种质集与不同抽样比例种质子集遗传多样性指标的均值 t 检验和方差 F 检验

不同抽样比例 4 个种质子集与原种质集的 6 个遗传多样性指标的均值 t 检验中，4 个种质子集的有效等位基因数、Nei's 遗传多样性指数、Shannon's 多样性信息指数和群体总的遗传多样性；4 个指标皆与原种质集间无显著差异；4 个种质子集的等位基因数全部与原种质集间存在显著差异；10% 抽样比例构建的种质子集的居群内的遗传多样性与原种质集间具有显著差异，其余 3 个种质子集与原种质集间皆无显著差异（表 5-2）。从 t 检验角度来说，10% 抽样比例种质子集有两个指标与原种质集间存在显著差异，因此该种质子集对原种质集的代表性相较其余 3 个种质子集更差。方差 F 检验中，4 个种质子集等位基因数与原种质集间全部有显著差异，且方差也皆大于原种质集，表明 4 个种质子集较原种质集在该指标上样本取值分散程度更大，即获得了更大的变异；20% 抽样比例种质子集中居群内的遗传多样性与原种质集有显著差异，但方差小于原种质集，说明该种质子集在该指标上比原种质集具有更小的变异；10% 抽样比例种质子集有 6 个遗传多样性指标与原种质集有显著差异，且方差全部小于原种质集，因此该种质子集在所检测的全部遗传多样性指标上皆比原种质集具有更小的变异（表 5-2）。结合均值 t 检验和方差 F 检验结果分析认为，不同抽样比例 4 个种质子集中，40% 和 30% 抽样比例种质子集更为有效。

5.3.3　原种质集与不同抽样比例种质子集的相关系数比较

原种质集中基于 SRAP 分子标记的遗传多样性，在不同抽样比例 4 个种质子集中都得到了一定程度的保存（图 5-1）。4 个种质子集的遗传多样性指标均值与原种质集的相关系数全部达到 0.99 以上（$P<0.01$），说明四个种质子集对原种质集的均值代表性很高。随着抽样比例的降低，种质子集遗传多样性指标方差与原种质集的相关系数呈下降趋势，40% 和 30% 抽样比例种质子集与原种质集的相关系数分别为 0.881（$P<0.01$）和 0.804（$P<0.01$），表明这两个种质子集与原种质集的方差具有强的相关性，而 20% 抽样比例种质子集与原种质集的相关系数为 0.615（$P=0.047$），说明该种质子集与原种质集的方差具有弱的相关性，同时 10% 抽样比例种质子集与原种质集的相关系数为 0.171（$P>0.05$），显然该种质子集与原种质集的方差不具相关性。从相关系数分析角度来看，40% 和 30% 抽样比例种质子集皆可代表原种质。

表5-2　材用云南松原种种质集与不同抽样比例种质子集遗传多样性指标平均值、方差的比较及检验

评价参数	原种质集 平均值±标准差	种质子集（40%抽样比例）			种质子集（30%抽样比例）			种质子集（20%抽样比例）			种质子集（10%抽样比例）		
		平均值±标准差	t检验/P值	F检验/P值	平均值±标准差	t检验/P值	F检验/P值	平均值±标准差	t检验/P值	F检验/P值	平均值±标准差	t检验/P值	F检验/P值
N_a	2.0000±0.0000	1.9686±0.1745	*/0.000	*/0.000	1.9611±0.1934	*/0.000	*/0.000	1.9462±0.2258	*/0.000	*/0.000	1.9088±0.2881	*/0.000	*/0.000
N_e	1.2898±0.3229	1.3010±0.3205	NS/0.526	NS/0.895	1.3010±0.3166	NS/0.523	NS/0.563	1.3023±0.3118	NS/0.473	NS/0.335	1.2954±0.3007	NS/0.744	*/0.034
H	0.1825±0.1714	0.1902±0.1698	NS/0.406	NS/0.832	0.1912±0.1679	NS/0.349	NS/0.520	0.1930±0.1662	NS/0.255	NS/0.310	0.1911±0.1621	NS/0.347	*/0.037
I	0.2933±0.2367	0.3055±0.2335	NS/0.342	NS/0.697	0.3076±0.2309	NS/0.262	NS/0.388	0.3107±0.2289	NS/0.170	NS/0.215	0.3091±0.2245	NS/0.210	*/0.030
H_t	0.1825±0.1714	0.1902±0.1698	NS/0.410	NS/0.835	0.1912±0.1679	NS/0.352	NS/0.522	0.1930±0.1662	NS/0.257	NS/0.312	0.1911±0.1621	NS/0.350	*/0.037
H_s	0.1641±0.1528	0.1693±0.1500	NS/0.529	NS/0.661	0.1682±0.1465	NS/0.615	NS/0.206	0.1651±0.1406	NS/0.892	*/0.007	0.1456±0.1207	*/0.014	*/0.000

N_a：等位基因数；N_e：有效等位基因数；H：Nei's 遗传多样性；H_t：群体总的遗传多样性；I：Shannon's 多样性信息数；H_s：居群内的遗传多样性。

*：0.05 水平上差异显著；NS：0.05 水平上差异不显著。

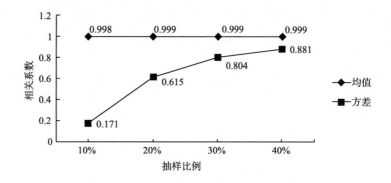

图 5-1　不同抽样比例种质子集与原种质集间的遗传多样性相关系数

综合原种质集与不同抽样比例种质子集遗传多样性比较、均值 t 检验和方差 F 检验以及相关系数比较的结果，同时考虑种质资源保存时的人力、物力等成本的问题，30% 抽样比例种质子集可以作为材用云南松种质资源的代表性子集。

5.3.4　核心种质的确认

以基于 SRAP 的分子标记位点为源数据，分别计算原种质集（780 个样株）和 30% 抽样比例种质子集（234 个样株）的遗传距离（表 5-3），种质子集（30% 抽样比例）的最小遗传距离、最大遗传距离和平均遗传距离均大于原种质集，且种质子集（30% 抽样比例）的平均遗传距离较原种质集提高了52.16%，表明该种质子集有效地去除了原种质集中的冗余材料，因而其代表性和实用性更强。分子方差分析表明（表 5-4），原种质集的遗传变异主要存在于群体内，方差分量占 87.19%，群体间方差分量只占 12.81%，种质子集（30%抽样比例）很好地保持了原种质集的方差分量分配模式。基于 SRAP 分析的聚类图（图 5-2、图 5-3）可以看出，种质子集（30% 抽样比例）与原种质集的聚类情况相似，26 个居群间的聚类既符合地理相邻同时又体现了水热条件的相似，只是种质子集（30% 抽样比例）居群间的遗传距离更大。通过上述分析，确认了基于 SRAP 分析的 30% 抽样比例核心种质库可作为材用云南松种质资源的代表性子集。

表 5-3　材用云南松原种质集与种质子集（30% 抽样比例）遗传距离的比较

种质群体	种质数量	最小遗传距离	最大遗传距离	平均遗传距离
原种质集	780	0.0040	0.0428	0.0232
种质子集（30% 抽样比例）	234	0.0150	0.0575	0.0353

表 5-4　材用云南松原种质集与种质子集（30% 抽样比例）方差分量的比较

种质群体	均方（自由度）		方差分量		方差分量百分比（%）	
	居群间	居群内	居群间	居群内	居群间	居群内
原种质集	362.226（25）	67.673（744）	9.946	67.673	12.81	87.19
种质子集（30% 抽样比例）	163.849（25）	74.137（208）	7.476	74.137	9.16	90.84

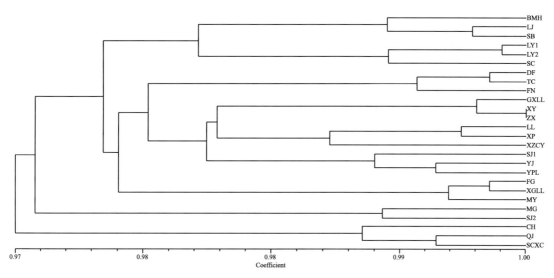

图 5-2　原种质集基于 SRAP 分析的 UPGMA 聚类图

　　BMH：云南永仁白马河；LJ：云南丽江；SB：云南双柏；LY1：广西乐业 1；LY2：广西乐业①；SC：贵州水城；DF：贵州大方；TC：云南云龙天池；FN：云南富宁；GXLL：广西隆林；XY：贵州兴义；ZX：云南镇雄；LL：云南龙陵；XP：云南新平；XZCY：西藏察隅；SJ1：云南双江①；YJ：云南元江；YPL：云南禄丰—平浪；FG：云南福贡；XGLL：云南香格里拉；MY：四川米易；MG：云南马关；SJ2：云南双江②；CH：贵州册亨；QJ：云南曲靖；SCXC：四川西昌

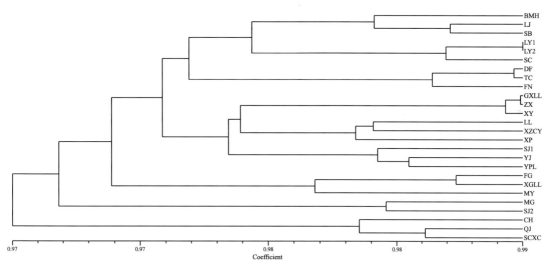

图 5-3　种质子集（30% 抽样比例）基于 SRAP 分析的 UPGMA 聚类图

　　BMH：云南永仁白马河；LJ：云南丽江；SB：云南双柏；LY1：广西乐业 1；LY2：广西乐业②；SC：贵州水城；DF：贵州大方；TC：云南云龙天池；FN：云南富宁；GXLL：广西隆林；XY：贵州兴义；ZX：云南镇雄；LL：云南龙陵；XP：云南新平；XZCY：西藏察隅；SJ1：云南双江 1；YJ：云南元江；YPL：云南禄丰—平浪；FG：云南福贡；XGLL：云南香格里拉；MY：四川米易；MG：云南马关；SJ2：云南双江②；CH：贵州册亨；QJ：云南曲靖；SCXC：四川西昌

5.4　结论与讨论

　　研究抽样策略，首先要考虑总的种质资源的分组原则和分组方法，Diwan *et al.*（1995）认为，分组方法构建的核心种质比大随机方法构建的核心种质对整个种质资源的代表性好，结合云南松的表型性状和 SRAP 分子标记在群体间和群体内的变异规律，以不同地理来源的居群为单位分组构建种质保存库更为有效。根据前人的研究结果（李自超 等，2000；刘宁宁，2007；赵冰 等，2007；徐海明，2005），本书的抽样方法采用了多样性指数法和改进的最小距离逐步取样法，使组内取样更具针对性、有效性和可靠性。构建核心种质的数据类型有 5 种：农艺形态等性状数据、分子标记数据、基因型值数据、农艺形态等常规性状数据结合分子标记数据、基因型值数据结合分子标记数据（刘宁宁，2007）。前两类数据通常被众多学者所广泛使用。由于农艺形态等性状易受气候、地理位置等环境因素影响而有较大波动，分子标记数据能够在短时间内获得且与植物组织部位或环境效应相独立，可以对农艺形态性状进行有效补充，因此在核心种质构建中已被广泛应用（Balas，2014；Thierry，2014；杨培奎等，2012；玉苏甫·阿不力提甫，2014；Naoko，2015）。本研究以材用云南松的 SRAP 标记信息为基础数据，设 10%、20%、30%、40% 4 个抽样比例，分别构建不同抽样比例的种质子集，利用质量性状检测指标评价种质子集对原种质集的代表性，探讨基于分子标记数据类型的适宜抽样策略，获得材用云南松核心种质。

本研究采用 10 对 SRAP 引物对 780 株云南松材用种质进行扩增，采用荧光标记毛细管电泳检测 PCR 扩增产物，共扩增出 669 个多态位点，平均每对引物获得 66.9 个多态位点，用于构建材用云南松核心种质库。以往很多学者在利用 SRAP 标记数据构建植物核心种质时，采用凝胶电泳检测 PCR 扩增产物，如白瑞霞（2008）利用 6 对 SRAP 引物对 177 份枣（*Ziziphus jujuba*）种质进行扩增，共扩增出 62 条多态性谱带，平均每对引物扩增出 10.3 条谱带；玉苏甫（2014）采用 14 对 SRAP 引物对 95 份梨（*Pyrus sinkiangensis*）种质进行扩增，共扩增出 160 条多态性谱带，平均每对引物扩增出 11.4 条谱带；张丹（2010）通过 29 对 SRAP 引物对 258 份蓖麻（*Ricinus communis*）种质进行扩增，共扩增出 254 条多态性谱带，平均每对引物扩增出 8.8 条谱带。可见，凝胶电泳检测方法虽然成熟，但存在不同等位变异难以准确识别的问题，平均每对引物检测出的多态位点数量远低于荧光标记毛细管电泳检测。本研究采用可靠、高通量的荧光标记毛细管电泳检测获得大量的多态位点，用于构建材用云南松核心种质库，可使后续的研究更为可靠和有效。

对材用云南松原种质集与不同抽样比例种质子集遗传多样性指标比较分析认为，40%、30% 和 20% 抽样比例种质子集相较 10% 抽样比例种质子集对原种质的代表性更好。不同抽样比例 4 个种质子集与原种质集的 6 个遗传多样性指标的均值 t 检验中，10% 抽样比例种质子集对原种质集的代表性相较其余 3 个种质子集更差；方差 F 检验中，20% 和 10% 抽样比例种质子集中分别有一定数量的遗传多样性指标与原种质集有显著差异且方差小于原种质集。4 个种质子集的遗传多样性指标均值与原种质集的相关系数全部达到 0.99 以上；40% 和 30% 抽样比例种质子集与原种质集的方差均具有强的相关性，20% 和 10% 抽样比例种质子集与原种质集的方差分别具有弱的相关性和不具相关性。结合遗传多样性指标比较分析、均值 t 检验、方差 F 检验和相关系数结果，同时考虑种质资源保存时的人力、物力等成本问题，认为 30% 抽样比例种质子集更为有效。

30% 抽样比例种质子集的最小遗传距离、最大遗传距离和平均遗传距离均大于原种质集，且 30% 抽样比例种质子集的平均遗传距离较原种质集提高了 52.16%。30% 抽样比例种质子集很好的保持了原种质集的方差分量分配模式。30% 抽样比例种质子集与原种质集的聚类情况相似，且该种质子集居群间的遗传距离更大。确认了基于 SRAP 分析的 30% 抽样比例构建的种质子集可以作为材用云南松种质资源的代表性样本。

本研究基于 SRAP 标记信息构建核心种质策略中，确定的适合的抽样比例为 30%，符合李自超等（2000）提出的不同植物核心种质的抽样比例应为原群体的 5%~30% 的要求，且与欧洲黑杨（*Populus nigra*）30.2% 最佳取样比例（曾宪君 等，2014）、新疆梨（*Pyrus sinkiangensis*）30% 最适宜取样比例（玉苏甫，2014）等其他林木核心种质构建的抽样比例相当。因此，基于 SRAP 分子标记数据构建核心种质时，按地理来源分组、采用 Nei's 距离和不加权类平均法聚类、30% 抽样比例、多样性指数法和改进的最小距离逐步取样法组内取样的策略，为材用云南松核心种质构建的适宜抽样策略；并构建出包含 234 株样株的核心种质库。

基于整合表型性状和分子标记数据的材用云南松核心种质构建策略

6.1 研究材料

本部分研究所用的材用云南松样株、各样株表型性状指标测定所需的针叶及球果采集数量和要求、各样株生长性状指标选择与 2.1 中相同。各样株 DNA 提取和 SRAP 分子标记所需的针叶采集数量和要求、针叶保存方法皆与 3.1 中相同。

6.2 研究方法

6.2.1 表型性状测定和表型性状数据标准化

各样株的表型性状指标和测定方法与 2.2.1 中相同。各样株表型性状数据标准化方法与 4.2.2 中相同。

6.2.2 SRAP 分子标记

SRAP 分子标记部分涉及的材用云南松干叶 DNA 提取和检测、SRAP–PCR 反应体系和扩增程序、SRAP 标记所用的引物、SRAP–PCR 扩增产物检测及 SRAP 标记数据分析等研究方法皆与 3.2 中的相应研究方法相同。

6.2.3 核心种质的构建

本部分研究的取样策略与基于表现型值构建材用云南松核心种质及基于 SRAP 分子标记数据构建材用云南松核心种质的分层取样方法一样，参考徐宁等关于核心种质构建中分组的方法（赵冰 等，2007；徐宁 等，2008），将原种质资源按种源区分为四组，在组内按地理来源分为 26 个小组（表 2–1）。以小组为单位，参考 Wang *et al.* 和刘遵春等提出的整合表型性状和分子标记数据的混合遗传距离计算方法（Wang *et al.*，2007a，2007b；刘遵春 等，2012），利用 18 个表型性状测定值和 10 对 SRAP 引物的 669 个多态位点的分子标记数据作为源数据，计算混合遗传距离，样株间遗传距离采用混合遗传距离，聚类方法采用不加权类平均法（UPGMA），通过 Matlab（R2017a）软件编程实现。完成对材料的聚类分析后，取样前，首先要对总的种质资源确定总体抽样比例，总体抽样比例会影响种质保存库的规模和代表性，本文设定 10%、20%、30%、40% 共 4 个抽样比例，探讨筛选适合的抽样比例。组内取样时采用系统取样的多样性指数法来确定各组的取样量，各组具体哪个样株进入核心种质库，则由取样方法来解决，本书参考徐海明、刘宁宁抽样策略的筛选（徐海明，2005；刘宁宁，2007），采用改进的最小距离逐步取样法来构建种质子集。系统取样的多样性指数法和改进的最小距离逐步取样法的具体解释详见 4.2.3 部分。

表型性状遗传距离（D_p）：

$$D_{pij} = \frac{1}{\mathrm{m}} \sum_{k=1}^{m} \frac{|P_{ki} - P_{kj}|}{R_k} \tag{6.1}$$

其中，D_{pij} 为第 i 个样品与第 j 个样品间的表型性状遗传距离；P_{ki} 和 P_{kj} 表示第 k 个性状下的两个样品的表型测定值；R_k 表示第 k 个性状下的所有样品表型测定值的极差；m 表示表型性状总数（刘遵春 等，2012）。

分子标记遗传距离（D_m）：

$$D_{mij} = \frac{1}{m} \sum_{k=1}^{m} S_k \tag{6.2}$$

其中，D_{mij} 为第 i 个样品与第 j 个样品间的分子标记遗传距离；S_k 表示两个样品在第 k 个分子标记位点上的表现状况，当两个样品在第 k 个分子标记位点上表现一致时 S_k=0，表现不一致时 S_k=1；n 表示分子标记位点总数（刘遵春 等，2012）。

混合遗传距离（D_{mix}）：

$$D_{mixij} = D_{pij} + D_{mij} \tag{6.3}$$

其中，D_{mixij} 为第 i 个样品与第 j 个样品间的混合遗传距离；D_{pij} 为第 i 个样品与第 j 个样品间的表型性状遗传距离；D_{mij} 为第 i 个样品与第 j 个样品间的分子标记遗传距离（刘遵春 等，2012）。

6.2.4　核心种质的检测评价

采用数量性状和质量性状独立评价方法对所构建的种质子集进行检测评价。

根据种质子集构建结果，从原种质中找到对应的种质材料，分别依据这些种质材料的表型性状实测值、表型性状标准化数据和分子标记的 0-1 矩阵数据，计算数量性状和分子标记信息各个评价参数的值。

评价数量性状的参数参考刘娟等、刘德浩等对核心种质代表性检测所用方法和参数（徐宁 等，2008；刘娟 等，2015；刘德浩 等，2013），对原种质与不同抽样比例种质子集进行不同性状的均值 t 检验（利用表型性状指标实测值）、方差 F 检验（利用表型性状指标实测值）、频率分布 c^2 检验（利用表型性状指标数据标准化值）和 Shannon–Weaver 遗传多样性指数（利用表型性状指标数据标准化值）分析，同时结合种质子集的表型保留比例（利用表型性状指标数据标准化值）、均值差异百分率（利用表型性状指标数据标准化值）、方差差异百分率（利用表型性状指标实测值）、极差符合率（利用表型性状指标实测值）和变异系数变化率（利用表型性状指标实测值）5 个评价参数分析，对不同抽样比例种质子集的代表性进行评价。

评价分子标记信息的参数参考玉苏甫、张丹对核心种质代表性检测所用方法和参数（玉苏甫·阿不力提甫，2014；张丹，2010），利用分子标记的 0-1 矩阵数据，分析原种质与不同抽样比例种质子集的多态位点数、多态位点百分率、等位基因保留率、等位基因数、有效等位基因数、Nei's 遗传多样性指数、Shannon's 多样性信息指数、群体总的遗传多样性、居群内的遗传多样性 9 个评价参数，同时对原种质与不同抽样比例种质子集进行遗传多样性评价参数的均值 t 检验、方差 F 检验和相关系数分析，对不同抽样比例种质子集的代表性进行评价。上述参数检验计算通过 SPSS 17.0 软件和 EXCEL 2007 完成。

6.2.5 核心种质的确认

依据数量性状的确认，采用 SAS 8.1 软件，参考刘娟核心种质确认的方法（刘娟 等，2015），通过 INSIGHT 模块做主成分分析，比较原种质与种质子集各自提取的特征值和累积贡献率以及各自基于主成分的样品分布散点图，从遗传多样性和样品间的聚类分布关系方面评价种质子集的代表性和实用性，对所构建的核心种质库进行确认。

依据分子标记信息的确认，采用 Matlab（R2017a）、POPGENE32 和 GenA1Ex6.14 软件，参考玉苏甫、张丹核心种质确认的方法（玉苏甫·阿不力提甫，2014；张丹，2010），通过聚类分析、遗传距离的比较和分子方差分析，比较原种质与种质子集各自的特征，从遗传多样性和居群间的聚类分布关系方面评价种质子集的代表性和实用性，对所构建的核心种质库进行确认。

6.3 结果与分析

6.3.1 原种质集与不同抽样比例种质子集数量性状检测评价

6.3.1.1 原种质集与不同抽样比例种质子集表型性状指标的均值 t 检验和方差 F 检验

不同抽样比例所构建的 4 个种质子集与原种质集的 18 个数量性状均值 t 检验皆无显著差异（表 6–1），表明原种质集与种质子集均值间无差异，从 t 检验角度来说，不同抽样比例所构建的 4 个种质子集皆可代表原种质集；F 检验中，40% 抽样比例构建的种质子集的 18 个数量性状中有 9 个性状与原种质集存在显著差异，且该种质子集中的这 9 个性状的方差皆大于原种质集，表明该种质子集较原种质集在这 9 个性状上样本取值分散程度更大，即获得了更大的变异，与此同时，30% 抽样比例构建的种质子集的 18 个数量性状中有 14 个性状与原种质集存在显著差异，20% 抽样比例构建的种质子集的 18 个数量性状中有 15 个性状与原种质集存在显著差异，10% 抽样比例构建的种质子集的 18 个数量性状中有 15 个性状与原种质集存在显著差异（表 6–1）；结合均值 t 检验和方差 F 检验结果分析认为，不同抽样比例所构建的 4 个种质子集均能够代表原种质集。整合表型性状和分子标记数据采用混合遗传距离构建的种质子集与利用表型性状采用欧式距离构建的种质子集均值 t 检验及方差 F 检验结论相同。

6.3.1.2 原种质集与不同抽样比例种质子集表型性状指标的频率分布 x^2 检验

不同抽样比例所构建的 4 个种质子集与原种质集的 18 个数量性状频率分布 x^2 检验中，40% 抽样比例构建的种质子集、30% 抽样比例构建的种质子集和 20% 抽样比例构建的种质子集的 18 个性状的频率分布皆与原种质集无显著差异，说明这 3 个种质子集的表型分布与原种质集一致；10% 抽样比例构建的种质子集的 18 个性状中，球果长、种翅长、种翅宽、短冠径 4 个性状的频率分布与原种质集有显著差异，表明该种质子集的这 4 个性状的表型分布与原

表6-1 材用云南松原种质集与不同抽样比例种质子集18个表型性状平均值、方差的比较及检验

性状	原种质集 平均值±标准误差	方差	种质子集（40%抽样比例）平均值±标准误差	方差	t检验	F检验	种质子集（30%抽样比例）平均值±标准误差	方差	t检验	F检验	种质子集（20%抽样比例）平均值±标准误差	方差	t检验	F检验	种质子集（10%抽样比例）平均值±标准误差	方差	t检验	F检验
L_N（cm）	23.75±3.35	11.20	23.96±3.66	13.40	NS	NS	24.06±3.82	14.62	NS	*	24.12±4.10	16.82	NS	*	23.82±4.42	19.53	NS	*
W_N（mm）	0.65±0.12	0.01	0.66±0.13	0.02	NS	NS	0.66±0.14	0.02	NS	*	0.66±0.15	0.02	NS	*	0.64±0.15	0.02	NS	*
L_{FS}（cm）	18.35±3.64	13.28	18.39±3.94	15.52	NS	NS	18.39±4.06	16.51	NS	NS	18.43±4.24	17.99	NS	NS	18.32±4.33	18.78	NS	NS
W_F（mm）	1.42±0.25	0.06	1.44±0.28	0.08	NS	*	1.44±0.29	0.08	NS	*	1.44±0.31	0.09	NS	*	1.41±0.32	0.10	NS	*
L_N/W_N	376.15±69.58	4841.47	377.64±77.01	5930.24	NS	NS	380.55±80.95	6552.89	NS	*	384.49±87.06	7579.35	NS	*	394.49±97.05	9417.95	NS	*
L_N/L_{FS}	13.46±2.61	6.79	13.64±2.92	8.54	NS	*	13.73±3.06	9.35	NS	*	13.79±3.28	10.76	NS	*	13.70±3.37	11.39	NS	*
W_F/W_N	2.20±0.24	0.06	2.21±0.26	0.07	NS	NS	2.22±0.28	0.08	NS	NS	2.24±0.30	0.09	NS	*	2.27±0.36	0.13	NS	*
W_C（g）	41.02±13.86	192.00	41.56±15.73	247.32	NS	*	41.44±16.16	261.06	NS	*	41.65±17.10	292.29	NS	*	43.37±18.53	343.18	NS	*
L_C（mm）	68.68±9.92	98.37	69.05±11.31	127.98	NS	*	69.10±11.65	135.67	NS	*	68.73±12.35	152.64	NS	*	70.29±13.66	186.64	NS	*
D_C（mm）	38.05±4.41	19.48	38.11±4.91	24.15	NS	*	38.08±5.00	24.97	NS	*	38.14±5.29	27.94	NS	*	38.27±5.71	32.61	NS	*
L_C/D_C	1.81±0.18	0.03	1.81±0.20	0.04	NS	*	1.82±0.21	0.04	NS	*	1.80±0.21	0.04	NS	*	1.84±0.22	0.05	NS	*
L_{SW}（cm）	2.16±0.27	0.07	2.18±0.31	0.09	NS	*	2.19±0.32	0.10	NS	*	2.19±0.33	0.11	NS	*	2.19±0.33	0.11	NS	*
W_{SW}（cm）	0.66±0.07	0.00	0.66±0.08	0.01	NS	*	0.66±0.09	0.01	NS	*	0.66±0.09	0.01	NS	*	0.66±0.10	0.01	NS	*
L_{SW}/W_{SW}	3.34±0.36	0.13	3.37±0.40	0.16	NS	NS	3.37±0.40	0.16	NS	NS	3.36±0.42	0.18	NS	NS	3.40±0.45	0.20	NS	*
W_{TS}（g）	16.30±3.57	12.74	16.57±3.82	14.56	NS	NS	16.65±3.97	15.80	NS	*	16.50±4.01	16.06	NS	NS	16.66±4.26	18.13	NS	*
H_{UB}（m）	4.75±2.18	4.73	4.74±2.35	5.52	NS	NS	4.75±2.44	5.95	NS	NS	4.63±2.25	5.05	NS	NS	4.92±2.30	5.30	NS	NS
D_{LC}（m）	5.24±1.56	2.44	5.39±1.71	2.94	NS	NS	5.43±1.82	3.30	NS	*	5.43±1.83	3.35	NS	*	5.30±1.85	3.42	NS	NS
D_{SC}（m）	4.76±1.37	1.89	4.96±1.54	2.36	NS	NS	4.99±1.65	2.72	NS	*	5.05±1.66	2.76	NS	*	4.90±1.64	2.69	NS	NS

L_N：针叶长；W_N：针叶宽；L_{FS}：叶鞘长；W_F：针叶束宽；L_N/W_N：针叶长/针叶宽；L_N/L_{FS}：针叶长/叶鞘长；W_F/W_N：针叶束宽/针叶宽；W_C：球果质量；L_C：球果长；D_C：球果直径；L_C/D_C：球果长/球果直径；L_{SW}：种翅长；W_{SW}：种翅宽；L_{SW}/W_{SW}：种翅长/种翅宽；W_{TS}：干粒重；H_{UB}：枝下高；D_{LC}：长冠径；D_{SC}：短冠径。

*：原种质集与种质子集在0.05水平上差异显著；NS：原种质集与种质子集在0.05水平上差异不显著。

种质集不一致（表 6-2）。对不同抽样比例所构建的 4 个种质子集与原种质集的 18 个数量性状频率分布分析发现，4 个种质子集与原种质集的频率分布规律基本相同，只是随着抽样比例的降低位于两端等级的样品的频率逐渐增大（表 6-3），说明在构建核心种质库时，适当增加了比较极端的材料，而减少了中间材料，从而减少了冗余。综上所述，认为 40% 抽样比例构建的种质子集、30% 抽样比例构建的种质子集和 20% 抽样比例构建的种质子集皆可有效代表原种质集。整合表型性状和分子标记数据采用混合遗传距离构建的种质子集与利用表型性状采用欧式距离构建的种质子集 x^2 检验结论相同，但在 10% 抽样比例下，整合表型性状和分子标记数据采用混合遗传距离构建的种质子集有 4 个性状与原种质集存在显著差异，而利用表型性状采用欧式距离构建的种质子集则有两个性状与原种质集存在显著差异，说明整合表型性状和分子标记数据采用混合遗传距离来构建种质子集的策略在频率分布检验方面更为灵敏。

表 6-2   材用云南松原种质集与不同抽样比例种质子集 18 个性状频率分布 x^2 检验

| 性状 | 种质群体 | 分布频率 | | | 性状 | 种质群体 | 分布频率 | | |
		级数	x^2	P			级数	x^2	P
L_N（cm）	OGC--GS（40%）	10	1.218	0.999	W_F（mm）	OGC--GS（40%）	10	1.471	0.997
	OGC--GS（30%）	10	2.796	0.972		OGC--GS（30%）	10	2.302	0.986
	OGC--GS（20%）	10	5.837	0.756		OGC--GS（20%）	10	4.283	0.892
	OGC--GS（10%）	10	11.623	0.235		OGC--GS（10%）	10	9.219	0.417
W_N（mm）	OGC--GS（40%）	10	1.407	0.998	L_N/W_N	OGC--GS（40%）	10	1.300	0.998
	OGC--GS（30%）	10	2.896	0.968		OGC--GS（30%）	10	4.056	0.908
	OGC--GS（20%）	10	5.786	0.761		OGC--GS（20%）	10	5.250	0.812
	OGC--GS（10%）	10	12.253	0.199		OGC--GS（10%）	10	12.501	0.187
L_{FS}（cm）	OGC--GS（40%）	10	1.142	0.999	L_N/L_{FS}	OGC--GS（40%）	10	1.440	0.998
	OGC--GS（30%）	10	2.781	0.972		OGC--GS（30%）	10	2.506	0.981
	OGC--GS（20%）	10	5.038	0.831		OGC--GS（20%）	10	6.764	0.662
	OGC--GS（10%）	10	13.123	0.157		OGC--GS（10%）	10	9.121	0.426
L_C（mm）	OGC--GS（40%）	10	2.071	0.990	W_F/W_N	OGC--GS（40%）	10	1.138	0.999
	OGC--GS（30%）	10	3.421	0.945		OGC--GS（30%）	10	1.057	0.999
	OGC--GS（20%）	10	7.293	0.607		OGC--GS（20%）	10	2.896	0.968
	OGC--GS（10%）	10	17.232	0.045[*]		OGC--GS（10%）	10	2.569	0.979
D_C（mm）	OGC--GS（40%）	10	1.498	0.997	W_C（g）	OGC--GS（40%）	10	1.728	0.995
	OGC--GS（30%）	10	2.665	0.976		OGC--GS（30%）	10	2.538	0.980
	OGC--GS（20%）	10	2.534	0.980		OGC--GS（20%）	10	4.134	0.902
	OGC--GS（10%）	10	7.166	0.620		OGC--GS（10%）	10	13.099	0.158

续表

性状	种质群体	分布频率			性状	种质群体	分布频率		
		级数	x^2	P			级数	x^2	P
L_{SW}（cm）	OGC--GS（40%）	10	3.651	0.933	L_C/D_C	OGC--GS（40%）	10	1.810	0.994
	OGC--GS（30%）	10	6.857	0.652		OGC--GS（30%）	10	2.755	0.973
	OGC--GS（20%）	10	4.881	0.845		OGC--GS（20%）	10	2.904	0.968
	OGC--GS（10%）	10	19.122	0.024*		OGC--GS（10%）	10	6.811	0.657
W_{SW}（cm）	OGC--GS（40%）	10	3.332	0.950	L_{SW}/W_{SW}	OGC--GS（40%）	10	2.019	0.991
	OGC--GS（30%）	10	5.872	0.753		OGC--GS（30%）	10	1.730	0.995
	OGC--GS（20%）	10	8.641	0.471		OGC--GS（20%）	10	2.579	0.979
	OGC--GS（10%）	10	15.012	0.041*		OGC--GS（10%）	10	11.292	0.256
W_{TS}（g）	OGC--GS（40%）	10	1.288	0.998	D_{LC}（m）	OGC--GS（40%）	10	0.900	1.000
	OGC--GS（30%）	10	2.324	0.985		OGC--GS（30%）	10	3.577	0.937
	OGC--GS（20%）	10	4.603	0.867		OGC--GS（20%）	10	5.621	0.777
	OGC--GS（10%）	10	7.458	0.590		OGC--GS（10%）	10	4.872	0.845
H_{UB}（m）	OGC--GS（40%）	10	2.289	0.971	D_{SC}（m）	OGC--GS（40%）	10	2.408	0.983
	OGC--GS（30%）	10	3.976	0.859		OGC--GS（30%）	10	3.252	0.953
	OGC--GS（20%）	10	5.244	0.731		OGC--GS（20%）	10	5.473	0.791
	OGC--GS（10%）	10	4.294	0.830		OGC--GS（10%）	10	22.241	0.016*

L_N：针叶长；W_N：针叶宽；L_{FS}：叶鞘长；W_F：针叶束宽；L_N/W_N：针叶长 / 针叶宽；L_N/L_{FS}：针叶长 / 叶鞘长；W_F/W_N：针叶束宽 / 针叶宽；W_C：球果质量；L_C：球果长；D_C：球果直径；L_C/D_C：球果长 / 球果直径；L_{SW}：种翅长；W_{SW}：种翅宽；L_{SW}/W_{SW}：种翅长 / 种翅宽；W_{TS}：千粒重；H_{UB}：枝下高；D_{LC}：长冠径；D_{SC}：短冠径；OGC：原种质集；GS：种质子集；OGC--GS（40%）：原种质集与 40% 抽样比例种质子集两个群体，括号中为抽样比例。

*：原种质集与种质子集在 0.05 水平上差异显著。

表6-3　材用云南松原种质集与不同抽样比例种质子集 18 个性状各等级频率分布

种质群体	级别									
	1	2	3	4	5	6	7	8	9	10
原种质集	1.56%	4.19%	9.32%	16.39%	22.01%	19.16%	12.81%	7.63%	3.84%	3.09%
种质子集（40% 抽样比例）	2.14%	4.41%	9.98%	16.02%	19.75%	17.03%	12.25%	8.53%	5.19%	4.72%
种质子集（30% 抽样比例）	2.31%	4.61%	10.45%	15.68%	19.17%	15.98%	11.96%	8.51%	5.83%	5.48%
种质子集（20% 抽样比例）	2.78%	5.21%	10.94%	15.04%	18.46%	14.90%	11.45%	9.24%	6.06%	5.91%
种质子集（10% 抽样比例）	3.11%	6.04%	11.37%	14.27%	16.68%	14.37%	11.76%	8.84%	6.78%	6.79%

6.3.1.3　原种质集与不同抽样比例种质子集性状指标的表型遗传多样性指数分析

对原种质集与不同抽样比例所构建的 4 个种质子集的 18 个数量性状的表型遗传多样性指数分析发现，种质子集的遗传多样性指数全部高于原种质集，且遗传多样性指数普遍随着构建种质子集的抽样比例的下降而增大，但当抽样比例降为 10% 时叶鞘长、针叶束宽、针叶长 / 叶鞘长、针叶束宽 / 针叶宽、球果质量、球果长、球果直径、种翅长、种翅长 / 种翅宽、长冠径、短冠径 11 个性状的遗传多样性指数反而下降（表 6-4），表明 4 个种质子集皆有利于种质资源遗传多样性指数的提高，降低遗传冗余；对原种质集与不同抽样比例所构建的 4 个种质子集的表型遗传多样性指数平均值的方差分析和多重比较结果表明，原种质集分别与 4 个种质子集间存在极显著差异，但 4 个种质子集间无显著差异（表 6-4）。综上分析认为 4 个种质子集均可代表原种质集的表型遗传多样性。

表 6-4　材用云南松原种质集与不同抽样比例种质子集表型遗传多样性指数比较

性状	种质子集（10% 抽样比例）	种质子集（20% 抽样比例）	种质子集（30% 抽样比例）	种质子集（40% 抽样比例）	原种质集
L_N（cm）	2.204	2.187	2.171	2.138	2.009
W_N（mm）	2.231	2.220	2.189	2.145	1.986
L_{FS}（cm）	2.108	2.180	2.173	2.151	2.023
W_F（mm）	2.157	2.202	2.164	2.114	1.984
L_N/W_N	2.154	2.130	2.114	2.095	1.985
L_N/L_{FS}	2.072	2.116	2.107	2.064	1.947
W_F/W_N	1.998	2.024	1.984	1.955	1.822
W_C（g）	2.038	2.188	2.142	2.138	1.995
L_C（mm）	2.038	2.225	2.189	2.157	1.987
D_C（mm）	2.089	2.195	2.158	2.136	1.980
L_C/D_C	2.187	2.170	2.204	2.174	2.011
L_{SW}（cm）	2.146	2.199	2.186	2.159	1.993
W_{SW}（cm）	2.201	2.167	2.163	2.123	1.957
L_{SW}/W_{SW}	2.020	2.114	2.085	2.084	1.978
W_{TS}（g）	2.108	2.112	2.141	2.118	2.021
H_{UB}（m）	1.942	1.958	1.993	1.972	1.845
D_{LC}（m）	2.083	2.087	2.061	2.022	1.921
D_{SC}（m）	2.111	2.156	2.145	2.104	1.978
平均值	2.105±0.078aA	2.129±0.109aA	2.132±0.064aA	2.103±0.063aA	1.968±0.055bB

L_N：针叶长；W_N：针叶宽；L_{FS}：叶鞘长；W_F：针叶束宽；L_N/W_N：针叶长 / 针叶宽；L_N/L_{FS}：针叶长 / 叶鞘长；W_F/W_N：针叶束宽 / 针叶宽；W_C：球果质量；L_C：球果长；D_C：球果直径；L_C/D_C：球果长 / 球果直径；L_{SW}：种翅长；W_{SW}：种翅宽；L_{SW}/W_{SW}：种翅长 / 种翅宽；W_{TS}：千粒重；H_{UB}：枝下高；D_{LC}：长冠径；D_{SC}：短冠径。

小写字母 a、b 标注 0.05 水平上的差异显著性；大写字母 A、B 标注 0.01 水平上的差异显著性；平均值方差分析 $F=9.763$，$P=0.000$。

整合表型性状和分子标记数据采用混合遗传距离构建的种质子集与利用表型性状采用欧式距离构建的种质子集表型遗传多样性指数分析结果存在差异，整合表型性状和分子标记数据采用混合遗传距离构建的 4 个种质子集的表型遗传多样性指数平均值皆极显著大于原种质集，因此这 4 个种质子集均可更好地代表原种质集的表型遗传多样性；但是利用表型性状采用欧式距离构建的 4 个种质子集中，只有 20% 抽样比例种质子集表型遗传多样性指数平均值极显著大于原种质集，30% 和 10% 抽样比例种质子集则分别显著大于原种质集，40%抽样比例种质子集则与原种质集无显著差异，因此该 4 个种质子集中只有 20%抽样比例种质子集可更好地代表原种质集的表型遗传多样性。由此可见，相同抽样比例下，整合表型性状和分子标记数据采用混合遗传距离构建的种质子集可更好地体现种质资源的表型遗传多样性的差异。

6.3.1.4　不同抽样比例种质子集表型保留比例、均值差异百分率、变异系数变化率、极差符合率、方差差异百分率对比分析

不同抽样比例所构建的 4 个种质子集的均值差异百分率（6.087%~6.927%）皆小于 20%，极差符合率（90.628%~98.513%）皆大于 80%。30%、20% 和 10%3 个抽样比例种质子集的方差差异百分率（83.333%~88.889%）均大于 80%，但 40% 抽样比例种质子集则为 50%。说明 30%、20% 和 10% 3 个抽样比例种质子集对原种质集的遗传多样性都有较好的代表性，均符合核心种质的要求（表 6-5）。这 3 个种质子集中，30% 抽样比例种质子集极差符合率最大、均值差异百分率最小、表型保留比例最大、方差差异百分率较大，20% 抽样比例种质子集均值差异百分率最大，10% 抽样比例种质子集极差符合率最小，评价参数值综合来说 30% 抽样比例优于其他两种抽样比例，因此认为 30% 抽样比例在构建材用云南松种质资源核心库时更具有效性和实用性。

表 6-5　材用云南松不同抽样比例种质子集评价参数比较

取样比例（%）	评价参数					
	表型保留比例（%）	均值差异百分率（%）	变异系数变化率（%）	极差符合率（%）	方差差异百分率（%）	核心种质数量（株）
40	100.000	6.087	110.566	98.513	50.000	312
30	100.000	6.478	115.016	98.513	83.333	234
20	99.441	6.927	119.653	95.334	88.889	156
10	97.207	6.865	126.333	90.625	83.333	78

整合表型性状和分子标记数据采用混合遗传距离构建的种质子集与利用表型性状采用欧式距离构建的种质子集评价参数值分析结果，均认为其各自构建的 4 个种质子集皆可较好的代表原种质集的遗传多样性，只是相对来说，整合表型性状和分子标记数据采用混合遗传距离构建的种质子集中 30% 抽样比例更具代表性，而利用表型性状采用欧式距离构建的种质子集中 20% 抽样比例更具代表性。同一抽样比例，整合表型性状和分子标记数据采用混合遗传距离构建的种质子集比利用表型性状采用欧式距离构建的种质子集的极差符合率大；除了 40% 抽样比例，其他 3 种抽样比例下，两种抽样策略构建的种质子集的方差

差异百分率也具有极差符合率同样的规律；同一抽样比例，两种抽样策略构建的种质子集的表型保留比例、变异系数变化率和均值差异百分率均无明显变化。表明对于相同的原种质材料，整合表型性状和分子标记数据采用混合遗传距离比利用表型性状采用欧式距离更能体现所构建的种质子集中种质材料的差异性。

综合原种质集与不同抽样比例种质子集表型性状指标的均值 t 检验和方差 F 检验、表型性状指标的频率分布 x^2 检验、表型遗传多样性指数分析及表型保留比例、均值差异百分率、变异系数变化率、极差符合率、方差差异百分率 5 个评价参数对比分析结果，认为整合表型性状和分子标记数据的 30% 抽样比例在构建材用云南松种质资源核心库时更具有效性和实用性。

6.3.2 原种质集与不同抽样比例种质子集分子标记信息检测评价

6.3.2.1 原种质集与不同抽样比例种质子集分子标记遗传多样性及其均值 t 检验和方差 F 检验

原种质集与不同抽样比例种质子集分子标记遗传多样性研究结果表明（表 6-6），与原种质集相比，4 个抽样比例（40%、30%、20%、10%）种质子集的多态位点数（649~589）、多态位点保留率（97.01%~88.04%）、观测等位基因数（1.9701~1.8804）、等位基因保留率（98.51%~94.02%）和居群内的遗传多样性（0.1633~0.1259）均降低，且随着抽样比例的减小逐渐减少，10% 抽样比例种质子集中上述指标皆达到最小，即随着抽样比例的降低，种质子集多态位点和等位基因遗漏的数目逐渐增大；与原种质相比，4 个抽样比例种质子集的 Nei's 遗传多样性指数（0.1855~0.1894）、Shannon's 多样性信息指数（0.2989~0.3025）和群体总的遗传多样性（0.1855~0.1894）均增大，且 10% 抽样比例种质子集中上述指标皆达到最大，说明种质子集中样株间的差异性较原种质增大了。

表 6-6 材用云南松原种质集与不同抽样比例种质子集遗传多样性

评价参数	原种质集	种质子集（40% 抽样比例）	种质子集（30% 抽样比例）	种质子集（20% 抽样比例）	种质子集（10% 抽样比例）
QG	780	312	234	156	78
NPL	669	649	641	634	589
PPL（%）	100.00	97.01	95.81	94.77	88.04
Na	2.0000	1.9701	1.9581	1.9477	1.8804
RRA（%）	100.00	98.51	97.91	97.39	94.02
Ne	1.2924	1.2934	1.2918	1.2923	1.3020
H	0.1836	0.1860	0.1855	0.1859	0.1894
I	0.2946	0.2993	0.2989	0.2995	0.3025
Ht	0.1836	0.1860	0.1855	0.1859	0.1894
Hs	0.1640	0.1633	0.1601	0.1535	0.1259

QG：种质数量；NPL：多态位点数；PPL：多态位点百分率；Na：等位基因数；RRA：等位基因保留率；Ne：有效等位基因数；H：Nei's 遗传多样性指数；I：Shannon's 多样性信息指数；Ht：群体总的遗传多样性；Hs：居群内的遗传多样性。

4个抽样比例（40%、30%、20%、10%）种质子集与原种质集的6个遗传多样性指标的均值 t 检验中，4个种质子集的有效等位基因数、Nei's遗传多样性指数、Shannon's多样性信息指数和群体总的遗传多样性4个指标皆与原种质集间无显著差异；4个种质子集的等位基因数全部与原种质集间存在显著差异；10%抽样比例构建的种质子集的居群内的遗传多样性与原种质集间具有显著差异，其余3个种质子集与原种质集间皆无显著差异（表6–7）。从 t 检验角度来说，10%抽样比例构建的种质子集有两个指标与原种质集间存在显著差异（显著小于原种质集），因此该种质子集对原种质集的代表性相较其余3个种质子集更差。方差 F 检验中，4个种质子集等位基因数与原种质集间全部有显著差异，且方差也皆大于原种质集，表明4个种质子集较原种质集在该指标上样本取值分散程度更大，即获得了更大的变异；20%和10%抽样比例构建的种质子集中居群内的遗传多样性与原种质集均有显著差异，但方差皆小于原种质集，说明该种质子集在该指标上比原种质集具有更小的变异（表6–7）。结合均值 t 检验和方差 F 检验结果分析认为，不同抽样比例所构建的4个种质子集中，40%和30%抽样比例构建的种质子集更为有效。

整合表型性状和分子标记数据采用混合遗传距离构建的种质子集与利用分子标记采用Nei's距离构建的种质子集虽然在遗传多样性分析方面结论一致，但是居群内遗传多样性的方差 F 检验中，同一抽样比例，整合表型性状和分子标记数据采用混合遗传距离构建的种质子集的 P 值要小于利用分子标记采用Nei's距离构建的种质子集，说明前者与原种质集的方差差异性更大，即前者构建的种质子集内样株间的变异更大。

6.3.2.2 原种质集与不同抽样比例种质子集的相关系数比较

原种质集中基于SRAP分子标记的遗传多样性，在4个抽样比例（40%、30%、20%、10%）种质子集中都得到了一定程度的保存（图6–1）。4个种质子集的遗传多样性指标均值与原种质集的相关系数全部达到0.99以上（0.9976~0.9998）（$P<0.01$），说明4个种质子集对原种质集的均值代表性非常高。随着抽样比例的降低，种质子集遗传多样性指标方差与原种质集的相关系数呈下降趋势，40%和30%抽样比例构建的种质子集与原种质集的相关系数分别为0.9164（$P<0.01$）和0.9999（$P<0.01$），表明这两个种质子集与原种质集的方差具有很强的相关性，20%抽样比例构建的种质子集与原种质集的相关系数为0.7503（$P=0.031$），说明该种质子集与原种质集的方差具较弱的相关性，

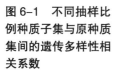
图6–1 不同抽样比例种质子集与原种质集间的遗传多样性相关系数

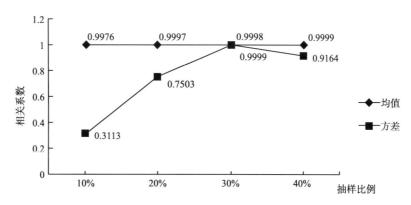

表6-7　材用云南松原种质集与不同抽样比例种质子集遗传多样性指标平均值、方差的比较及检验

评价参数	原种质集 平均值±标准差	种质子集（40%抽样比例）			种质子集（30%抽样比例）			种质子集（20%抽样比例）			种质子集（10%抽样比例）		
		平均值±标准差	t检验/P值	F检验/P值	平均值±标准差	t检验/P值	F检验/P值	平均值±标准差	t检验/P值	F检验/P值	平均值±标准差	t检验/P值	F检验/P值
Na	2.0000±0.0000	1.9701±0.1704	*0.000	*0.000	1.9581±0.2004	*0.000	*0.000	1.9477±0.2228	*0.000	*0.000	1.8804±0.3247	*0.000	*0.000
Ne	1.2924±0.3252	1.2934±0.3183	NS0.953	NS0.462	1.2918±0.3156	NS0.971	NS0.300	1.2923±0.3154	NS0.994	NS0.295	1.3020±0.3267	NS0.589	NS0.744
H	0.1836±0.1723	0.1860±0.1692	NS0.804	NS0.535	0.1855±0.1682	NS0.842	NS0.400	0.1859±0.1681	NS0.811	NS0.382	0.1894±0.1726	NS0.541	NS0.846
I	0.2946±0.2377	0.2993±0.2335	NS0.718	NS0.531	0.2989±0.2323	NS0.737	NS0.395	0.2995±0.2323	NS0.707	NS0.377	0.3025±0.2383	NS0.542	NS0.934
Ht	0.1836±0.0297	0.1860±0.0286	NS0.804	NS0.535	0.1855±0.0283	NS0.842	NS0.400	0.1859±0.0283	NS0.811	NS0.382	0.1894±0.0298	NS0.541	NS0.846
Hs	0.1640±0.0233	0.1633±0.0217	NS0.931	NS0.257	0.1601±0.0206	NS0.627	NS0.054	0.1535±0.0185	NS0.183	*0.000	0.1259±0.0119	*0.000	*0.000

Na：等位基因数；Ne：有效等位基因数；H：Nei's 遗传多样性指数；I：Shannon's 多样性信息指数；Ht：群体总的遗传多样性；Hs：居群内的遗传多样性。
*：0.05水平上差异显著；NS：0.05水平上差异不显著。

10% 抽样比例构建的种质子集与原种质集的相关系数为 0.3113（$P>0.05$），表明该种质子集与原种质集的方差不具相关性。从相关系数分析角度来看，40% 和 30% 抽样比例构建的种质子集皆可代表原种质集。

无论是单看同一抽样比例还是整体来看 4 个抽样比例，两种种质子集构建策略（第 1 种为整合表型性状和分子标记数据采用混合遗传距离，第 2 种为利用分子标记采用 Nei's 距离）分别构建的种质子集的遗传多样性指标均值与原种质集的相关系数均相当（皆为 0.99 以上）；但是同一抽样比例下，此两种种质子集构建策略分别构建的种质子集的遗传多样性指标方差与原种质集的相关系数存在较大差异，第 1 种构建策略得到的种质子集与原种质集的相关系数大于第 2 种构建策略得到的种质子集与原种质集的相关系数，说明针对同样的原种质群体，第 1 种构建策略较第 2 种构建策略在提高种质子集与原种质集的相关性方面更为有效。

综合原种质集与不同抽样比例种质子集分子标记遗传多样性均值 t 检验和方差 F 检验以及相关系数比较的结果，同时考虑种质资源保存时的人力、物力等成本的问题，认为 30% 抽样比例构建的核心种质库可以作为材用云南松种质资源的代表性子集。

整合表型性状和分子标记数据采用混合遗传距离构建种质子集的策略中，对不同抽样比例种质子集的数量性状和分子标记信息分别进行检测评价，发现数量性状检测评价结果与分子标记信息检测评价结果一致，两者均认为 30% 抽样比例构建的种质保存库可以作为材用云南松种质资源的代表性子集，从而筛选出 30% 抽样比例为构建材用云南松核心种质库的合适抽样比例。

6.3.3　核心种质的确认

以 18 个数量性状为源数据，分别对原种质集（780 个样株）和 30% 抽样比例构建的种质子集（234 个样株）做主成分分析。原种质集与种质子集皆提取了 7 个特征值大于 1 的主成分，原种质集与种质子集所提取的主成分的累积贡献率分别为 79.383% 和 80.452%，种质子集的主成分累积贡献率大于原种质集且大于 80%（表 6-8），表明提取同样数量的主成分，种质子集能够解释的表型遗传信息的量大于原种质集，由于种质子集剔除了更多的重复种质，因而其代表性和实用性更强；对比原种质集与种质子集样株分布散点图（图 6-2、图 6-3）发现，种质子集的样株分布整体范围与原种质集的基本一致，且分布范围外缘的样株被大量保留在了种质子集中，而分布范围中心区域大量重叠的样株在种质子集中保留的较少，从而减少了种质子集中的冗余。通过上述主成分分析，确认了整合表型性状和分子标记数据以 30% 抽样比例构建的种质子集可以作为材用云南松种质资源的代表性子集。

表 6-8　材用云南松原种质集与种质子集表型性状主成分分析的特征值和累积贡献率比较

主成分	原种质集			种质子集（30% 抽样比例）		
	特征值	贡献率（%）	累积贡献率（%）	特征值	贡献率（%）	累积贡献率（%）
1	4.388	24.380	24.380	4.522	25.122	25.122
2	2.315	12.862	37.243	2.253	12.518	37.639
3	1.848	10.269	47.512	2.005	11.140	48.779
4	1.608	8.933	56.445	1.680	9.331	58.110
5	1.468	8.153	64.598	1.508	8.379	66.489
6	1.428	7.934	72.532	1.355	7.530	74.019
7	1.233	6.850	79.383	1.158	6.432	80.452

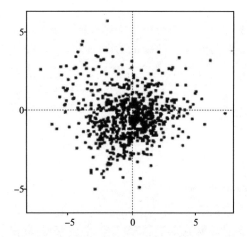

图 6-2　基于表型性状主成分分析的材用云南松原种质集样株分布散点图

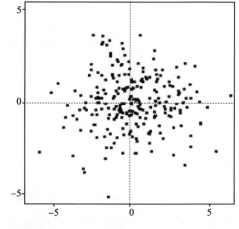

图 6-3　基于表型性状主成分分析的材用云南松种质子集（30% 抽样比例）样株分布散点图

以整合表型性状和 SRAP 分子标记数据为源数据，分别计算原种质集（780 个样株）和 30% 抽样比例构建的种质子集（234 个样株）的混合遗传距离（表 6-9），种质子集（30% 抽样比例）的最小遗传距离、最大遗传距离和平均遗传距离均大于原种质集，且较原种质集分别提高了 204.91%、105.20% 和 84.16%，表明该种质子集有效地去除了原种质集中的冗余材料，因而其代表性和实用性更强。基于 SRAP 分子标记数据的分子方差分析表明（表 6-10），原种质集的遗传变异主要存在于群体内，方差分量占 86.65%，群体间方差分量只占 13.35%，种质子集（30% 抽样比例）很好地保持了原种质集的方差分量分配模式。基于混合遗传距离的聚类图（图 6-4、图 6-5）可以看出，种质子集（30% 抽样比例）与原种质集的聚类情况相似，26 个居群间的聚类既符合地理相邻同时又体现了水热条件的相似，只是种质子集（30% 抽样比例）居群间的遗传距离更大，此聚类分析结果与基于 Nei's 遗传距离的聚类图对种质子集与原种质集的聚类分析结果相似。通过上述遗传距离分析，确认了整合表型性状和分子标记数据以 30% 抽样比例构建的核心种质库可以作为材用云南松种质资源的代表性子集。

表 6-9　材用云南松原种质集与种质子集（30% 抽样比例）混合遗传距离的比较

种质群体	种质数量	最小遗传距离	最大遗传距离	平均遗传距离
原种质集	780	0.0448	0.3617	0.2311
种质子集（30% 抽样比例）	234	0.1366	0.7422	0.4256

表 6-10　材用云南松原种质集与种质子集（30% 抽样比例）分子方差分量的比较

种质群体	均方（自由度）		方差分量		方差分量百分比（%）	
	居群间	居群内	居群间	居群内	居群间	居群内
原种质	357.786（25）	67.323（754）	10.374	67.323	13.35	86.65
种质子集（30% 抽样比例）	141.084（25）	72.346（208）	7.638	72.346	9.55	90.45

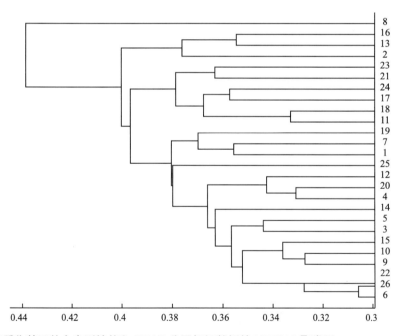

图 6-4　原种质集基于整合表型性状和 SRAP 分子标记数据的 UPGMA 聚类图
　　纵坐标数字代表云南松居群编号；1：云南永仁；2：贵州册亨；3：贵州大方；4：云南福贡；5：云南富宁；6：广西隆林；7：云南丽江；8：云南龙陵；9：广西乐业①；10：广西乐业②；11：云南马关；12：四川米易；13：云南曲靖；14：云南双柏；15：贵州水城；16：四川西昌；17：云南双江①；18：云南双江②；19：云南云龙；20：云南香格里拉；21：云南新平；22：贵州兴义；23：西藏察隅；24：云南元江；25：云南禄丰；26：云南镇雄

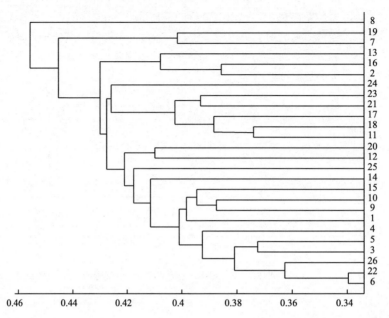

图 6-5　种质子集（30% 抽样比例）基于整合表型性状和 SRAP 分子标记数据的 UPGMA 聚类图
　　纵坐标数字代表云南松居群编号；1：云南永仁；2：贵州册亨；3：贵州大方；4：云南福贡；5：云南富宁；6：广西隆林；7：云南丽江；8：云南龙陵；9：广西乐业①；10：广西乐业②；11：云南马关；12：四川米易；13：云南曲靖；14：云南双柏；15：贵州水城；16：四川西昌；17：云南双江①；18：云南双江②；19：云南龙云；20：云南香格里拉；21：云南新平；22：贵州兴义；23：西藏察隅；24：云南元江；25：云南禄丰；26：云南镇雄

6.4　结论与讨论

　　研究抽样策略，首先要考虑总的种质资源的分组原则和分组方法，Diwan 等（1995）认为，分组方法构建的核心种质比大随机方法构建的核心种质对整个种质资源的代表性好，结合云南松的表型性状和 SRAP 分子标记在群体间和群体内的变异规律，以不同地理来源的居群为单位分组构建种质保存库更为有效。根据前人的研究结果（李自超 等，2000；刘宁宁，2007；赵冰 等，2007；徐海明，2005），本书的抽样方法采用了多样性指数法和改进的最小距离逐步取样法，使组内取样更具针对性、有效性和可靠性。构建核心种质的数据类型有五种：农艺形态等性状数据、分子标记数据、基因型值数据、农艺形态等常规性状数据结合分子标记数据、基因型值数据结合分子标记数据（刘宁宁，2007）。前两类数据通常被众多学者所广泛使用。农艺形态等性状数据一直以来都是构建核心种质的常用数据（Reddy，2005；Upadhyaya；2007；赵冰 等，2007；魏志刚 等，2009a，2009b；向青，2012）。但是农艺形态等性状易受气候、地理位置等环境因素影响而有较大波动，分子标记数据能够在短时间内获得且与植物组织部位或环境效应相独立，可以对农艺形态性状进行有效补充，因此在核心种质构建中已被广泛应用（Balas，2014；Thierry，2014；杨培奎 等，2012；玉苏甫·阿不力提甫，2014；Naoko，2015）。采用农艺形态等常规性状数据结合分子标记数据构建核心种质，既可以直观地反映种质群体的遗传多样性，又可以细微准确地分辨种质间的遗传差异，使核心种质具有实际应用意义。但是目前很多研究（Guruprasad，2014；白卉，2010；曾宪君 等，2014）皆是先通过表型性状构建初级核心种质，再通过分子标记进行验证和进一步的压缩筛选，是二段式构建，并不是真正意义上的将两类数据有机结合。利用混合遗传距离整合农艺形态等常规性状数据和分子标记数据构建核心种质是将两类数据真正结合，有利于核心种质的构建（刘遵春 等，2012）。本研究以材用云南松的整合表现型值和 SRAP 标记信息为基础数据，设 10%、20%、30%、40% 4 个抽样比例，采用混合遗传距离分别构建不同抽样比例的种质子集，利用数量性状和质量性状独立检测评价种质子集对原种质集的代表性，在探讨基于整合表现型值和 SRAP 标记信息数据类型的适宜抽样策略，获得材用云南松核心种质的同时，进一步对比 3 种数据类型（表现型值、SRAP 标记信息、整合表现型值和 SRAP 标记信息）各自适宜抽样策略的效果，从而可以更好地确定材用云南松核心种质的抽样策略。

数量性状独立检测评价中，不同抽样比例 4 个种质子集与原种质集的 18 个数量性状均值 t 检验皆无显著差异，4 个种质子集皆可代表原种质集；F 检验中，4 个种质子集分别有一定数量的性状指标与原种质集存在显著差异，且方差皆大于原种质集。数量性状频率分布 x^2 检验中，40%、30% 和 20% 抽样比例种质子集的 18 个性状的频率分布皆与原种质集无显著差异，10% 抽样比例种质子集有 4 个性状的频率分布与原种质集有显著差异。表型遗传多样性指数方差分析和多重比较发现，原种质集分别与 4 个种质子集间存在极显著差异，但 4 个种质子集间无显著差异。不同抽样比例 4 个种质子集的均值差异百分率皆小于 20%，极差符合率皆大于 80%，5 个常用评价参数值综合来说 30% 抽样比例优于其他 3 种抽样比例。综合原种质集与不同抽样比例种质子集表型性状指标的均值 t 检验、方差 F 检验、频率分布 x^2 检验、表型遗传多样性指数分析及 5 个常用评价参数分析结果，从数量性状检测评价方面来看，认为整合表型性状和分子标记数据的 30% 抽样比例在构建材用云南松核心种质时更具有效性和实用性。

质量性状独立检测评价中，原种质集与不同抽样比例种质子集分子标记遗传多样性指标比较分析发现，随着抽样比例的降低，种质子集多态位点和等位基因遗漏的数目逐渐增大，但种质子集中样株间的差异性较原种质增大了。4 个抽样比例种质子集与原种质集的 6 个遗传多样性指标的均值 t 检验中，10% 抽样比例种质子集对原种质集的代表性相较其余 3 个种质子集更差；方差 F 检验中，20% 和 10% 抽样比例种质子集中居群内的遗传多样性与原种质集均有显著差异，且方差皆小于原种质集。4 个种质子集的遗传多样性指标均值与原种质集的相关系数全部达到 0.99 以上；40% 和 30% 抽样比例种质子集与原种质集的方差均具有很强的相关性，20% 和 10% 抽样比例种质子集与原种质集的方差分别具较弱和很弱的相关性。综合原种质集与不同抽样比例种质子集分子标记遗传多样性指标比较分析、均值 t 检验、方差 F 检验以及相关系数分析结果，同时考虑种质资源保存时的人力、物力等成本问题，从分子标记信息检测评价方面来看，认为整合表型性状和分子标记数据的 30% 抽样比例在构建材用云南松核心种质时更具有效性和实用性。

整合表型性状和分子标记数据采用混合遗传距离构建种质子集的策略中，

对不同抽样比例种质子集的数量性状和分子标记信息分别进行独立检测评价，发现数量性状检测评价结果与分子标记信息检测评价结果一致，两者均认为30% 抽样比例构建的核心种质可以作为材用云南松种质资源的代表性子集，从而筛选出 30% 抽样比例为构建材用云南松核心种质的合适抽样比例。

对原种质集和 30% 抽样比例种质子集进行主成分分析发现，提取同样数量的主成分，种质子集能够解释的表型遗传信息的量大于原种质集；种质子集的样株分布整体范围与原种质集的基本一致且减少了种质子集中的冗余。30% 抽样比例种质子集的最小遗传距离、最大遗传距离和平均遗传距离均大于原种质集。30% 抽样比例种质子集很好地保持了原种质集的方差分量分配模式。聚类分析结果与基于 Nei's 遗传距离的聚类图对种质子集与原种质集的聚类分析结果相似，30% 抽样比例种质子集居群间的遗传距离更大。综合主成分分析、遗传距离分析、分子方差分析和聚类分析，确认了整合表型性状和分子标记数据以 30% 抽样比例构建的种质子集可以作为材用云南松种质资源的代表性样本。

本研究基于整合表现型值和 SRAP 标记信息构建核心种质策略中，确定的适合的抽样比例为 30%，符合李自超等（2000）提出的不同植物核心种质的抽样比例应为原群体的 5%~30% 的要求，且与欧洲黑杨 30.2% 最佳取样比例（曾宪君 等，2014）、新疆梨 30% 最适宜取样比例（玉苏甫·阿不力提甫，2014）等其他林木核心种质构建的抽样比例相当。本研究利用表现型值构建材用云南松核心种质的适宜抽样比例（20% 抽样比例）与利用 SRAP 标记信息、整合表现型值和 SRAP 标记信息构建材用云南松核心种质的适宜抽样比例（两者均为 30% 抽样比例）不同，此种差异与前述对材用云南松分别利用表型性状和 SRAP 分子标记研究遗传多样性的分析结果有关，即某些遗传变异虽然在表型性状上存在显著差异，但是在 SRAP 分子标记的位点分析上并不存在显著差异，所以基于表现型值数据要比基于分子标记数据及基于整合表现型值和分子标记数据构建核心种质的适宜抽样比例小。

材用云南松核心种质构建（异地保存）策略研究中，分别以材用云南松的表现型值、SRAP 标记信息、整合表现型值和 SRAP 标记信息 3 种数据类型为基础数据，设 10%、20%、30%、40% 4 个抽样比例，按地理来源分组、采用不加权类平均法聚类和改进的最小距离逐步取样法组内取样，分别构建 3 种数据类型各自不同抽样比例的种质子集，利用数量性状和质量性状独立检测评价种质子集对原种质集的代表性。结果表明：以表现型值为基础数据、基于欧式距离构建的种质子集，采用数量性状检测发现，20% 抽样比例种质子集的表型遗传多样性指数平均值极显著大于原种质集，且 20% 抽样比例时，变异系数变化率和方差差异百分率最大、极差符合率和表型保留比例较大、均值差异百分率较小，综合来说优于其他 3 种抽样比例；以 SRAP 标记信息为基础数据、基于 Nei's 距离构建的种质子集，采用质量性状检测发现，评价参数的均值 t 检验和方差 F 检验以及相关系数比较均认为，40% 和 30% 抽样比例优于其他两种抽样比例，考虑种质资源保存的工作量及成本，则 30% 为适宜抽样比例；以整合表现型值和 SRAP 标记信息为基础数据、基于混合遗传距离构建的种质子集，从数量性状评价综合来看，30% 抽样比例优于其他 3 种抽样比例，质量性状评价参数的均值 t 检验和方差 F 检验以及相关系数比较均认为，40% 和 30%

抽样比例优于其他两种抽样比例，综合两类性状参数评价结果认为，30% 抽样比例优于其他 3 种抽样比例；对比 3 种数据类型适宜构建策略所获得的核心种质的效果，整合表型性状和分子标记数据采用混合遗传距离构建的种质子集较利用 SRAP 分子标记数据采用 Nei's 距离构建的种质子集样株间的变异大，且其在提高种质子集与原种质集的相关性方面更为有效。对于相同的原种质材料，整合表型性状和分子标记数据采用混合遗传距离比利用表型性状采用欧式距离更能体现种质子集中种质材料的差异性和频率分布检验方面的灵敏性。因此，整合表型性状和分子标记数据采用混合遗传距离的构建策略，优于单独使用表型性状数据或分子标记数据采用其各自适宜遗传距离的构建策略。据此，认为利用整合表型性状和分子标记数据、按地理来源分组、采用混合遗传距离和不加权类平均法聚类、30% 抽样比例、多样性指数法和改进的最小距离逐步取样法组内取样的策略，为材用云南松核心种质构建的适宜抽样策略；并构建出包含 234 株样株的核心种质库，作为材用云南松整体种质资源的代表性子集和种质资源异地保存的总体样本。

以整合数量性状和质量性状的数据类型（整合基因型值和分子标记信息数据、整合表现型值和分子标记信息数据）构建植物核心种质时，刘宁宁（2007）提出两种方法对所构建的种质子集进行评价检测，第一种是数量性状和质量性状各自独立评价，第二种是数量性状和质量性状整合评价。在数量性状和质量性状整合评价中，提出从 Shannon 多样性指数、Simpson 多样性指数和 M_{PIC} 平均多态信息含量 3 个指标进行评价，除了能够更全面地反映原种质集的遗传多样性之外，还能够用尽量少的评价参数评价种质子集。本研究采用 SRAP 分子标记来获取信息数据，由于 SRAP 标记是显性标记，无法计算期望杂合度和观测杂合度，进而无法计算出 M_{PIC} 平均多态信息含量，所以研究不能使用整合评价的方法，只能采用独立评价。因此，材用云南松核心种质库（异地保存）今后的工作重点是：一方面在材用云南松核心种质库构建策略研究方面，可以进一步采用共显性的标记（例如 SSR 标记）来获取信息数据，以期通过整合评价方法检测种质子集，减少评价参数，明晰决策指标，利于种质收集；另一方面对入选材用云南松核心种质库的 234 株样株，收集种子进行异地保存或分家系播种筛选超级苗，进而定植超级苗构建异地保存林，以解决材用云南松种质资源长期异地保存的问题，为后续对材用云南松种质资源进行全面的研究、评价和利用奠定基础。

材用云南松原地保存策略

7.1　研 究 材 料

本部分研究所用的材用云南松居群、样株、各样株表型性状指标测定所需的针叶及球果采集数量和要求、各样株生长性状指标选择与 2.1 相同。各样株 DNA 提取和 SRAP 分子标记所需的针叶采集数量和要求、针叶保存方法皆与 3.1 相同。

7.2　研 究 方 法

7.2.1　表型性状测定和 SRAP 分子标记

各样株的表型性状指标和测定方法与 2.2.1 相同。SRAP 分子标记部分涉及的材用云南松干叶 DNA 提取和检测、SRAP–PCR 反应体系和扩增程序、SRAP 标记所用的引物、SRAP–PCR 扩增产物检测及 SRAP 标记数据分析等研究方法皆与 3.2 的相应研究方法相同。

7.2.2　遗传标记捕获曲线的建立

利用 SRAP 分子标记数据信息，参考前人对红松、赤松、黑松、珙桐等树种遗传资源抽样保存策略的研究（Zin Suh *et al.*，1994；顾万春，1998；宋丛文，2005），分别按照群体间和群体内（个体）两个层次取样。采用多项式回归分析，分别群体和个体连续随机抽样，得到多态位点百分率数量增长与随机抽样的群体或个体的数量相对应的曲线和多项式拟合模型，就建立了本研究的遗传标记捕获曲线。

7.2.3　Shannon 多样性指数的混合评价参数

Shannon 多样性指数反映遗传多样性的丰富度，通常在数量性状指标和质量性状指标中各自独立评价。本研究借鉴刘宁宁（2007）在核心种质评价检测中提出的整合两类性状的评价方法，采用 Shannon 多样性指数混合评价参数 $M_{mix(I)}$ 来检验遗传多样性，用尽量少的评价参数来更全面地反映和评价材用云南松的遗传多样性。

混合评价参数：

$$M_{mix(I)} = (M_{pI} + M_{mI})/2 \tag{7.1}$$

其中：M_{pI} 为表型性状多样性指数，其计算与 2.2.3 中相同；M_{mI} 为分子标记多样性指数，其计算同 3.2.5。

7.2.4　居群间混合遗传距离

参考 Wang *et al.* 和刘遵春等提出的整合表型性状和分子标记数据的混合遗传距离计算方法（Wang *et al.*，2007a；Wang *et al.*，2007b；刘遵春 等，2012），利用 18 个表型性状测定值和 10 对 SRAP 引物的 669 个多态位点的分子标记数据作为源数据，计算 26 个居群间的混合遗传距离，通过 Matlab（R2017a）软件编程实现。表型性状遗传距离（D_p）、分子标记遗传距离（D_m）、混合遗传距离（D_{mix}）的计算公式与 6.2.3 中相同。

7.3　结果与分析

7.3.1　云南松遗传标记捕获曲线分析

抽样 26 个群体分析 10 对 SRAP 引物的分子标记信息，用 669 个多态位点建立遗传标记捕获曲线（图 7-1）。通过遗传标记捕获曲线模拟抽样与检验，对于多态位点百分率，抽样 10 个群体代表材用云南松种群的可靠性为 95.96%，抽样 21 个群体的代表可靠性为 99.10%。通过遗传标记捕获曲线的多项式拟合模型计算，对于多态位点百分率，抽样 12 个群体代表材用云南松种群的可靠性为 95.95%，抽样 16 个群体的代表可靠性为 99.06%。根据遗传标记捕获曲线和模型，认为抽取 10~12 个群体是合适的。

从 26 个群体中随机抽取 3 个群体，分别在群体内建立遗传标记捕获曲线（图 7-2）。通过遗传标记捕获曲线模拟抽样与检验，对于多态位点百分率，3 个群体分别抽样 22 株、23 株、24 株样株，其代表性达 95%；3 个群体分别抽样 27 株、27 株、29 株样株，其代表性达 99%。通过遗传标记捕获曲线的多项式拟合模型计算，对于多态位点百分率，抽样 19 个样株的代表可靠性为 94.78%，抽样

图 7-1　基于 SRAP 分子标记的材用云南松群体遗传标记捕获曲线

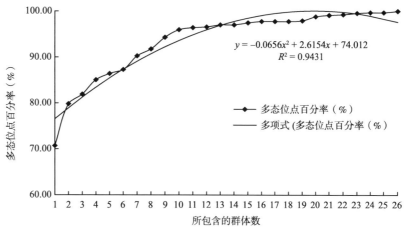

$$y = -0.0656x^2 + 2.6154x + 74.012$$
$$R^2 = 0.9431$$

- 多态位点百分率（%）
- 多项式 (多态位点百分率（%）)

多态位点百分率（%）

所包含的群体数

图 7-2　基于 SRAP 分子标记的材用云南松群体内遗传标记捕获曲线

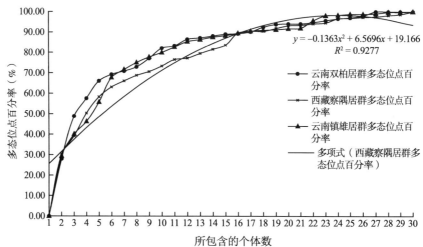

$$y = -0.1363x^2 + 6.5696x + 19.166$$
$$R^2 = 0.9277$$

- 云南双柏居群多态位点百分率
- 西藏察隅居群多态位点百分率
- 云南镇雄居群多态位点百分率
- 多项式（西藏察隅居群多态位点百分率）

多态位点百分率（%）

所包含的个体数

20 个样株的代表可靠性为 96.04%，抽样 24 个样株的代表可靠性为 99.33%。根据遗传标记捕获曲线和模型，认为每群体抽样 20~24 株是合适的。

7.3.2　云南松 Shannon 多样性指数的混合评价参数分析

采用 Shannon 多样性指数混合评价参数 $M_{mix(I)}$ 检验材用云南松居群间的遗传多样性，结果表明（表 7-1）：26 个居群的平均 $M_{mix(I)}$ 为 0.2306，26 个居群中 $M_{mix(I)}$ 大于平均值的有 14 个居群，其按照 $M_{mix(I)}$ 从大到小排序为：云南新平（0.2450）＞四川米易（0.2442）＞西藏察隅（0.2421）＞云南香格里拉（0.2413）＞云南曲靖（0.2412）＞云南福贡（0.2377）＞云南龙陵（0.2369）＞云南丽江（0.2357）＝云南元江（0.2357）＞广西乐业②（0.2349）＞云南双江①（0.2340）＞广西乐业①（0.2318）＞贵州大方（0.2316）＞贵州水城（0.2312）。

表 7-1　材用云南松 Shannon 多样性指数的混合评价参数 $M_{mix(I)}$

群体	Shannon 多样性指数的混合评价参数 $M_{mix(I)}$	群体	Shannon 多样性指数的混合评价参数 $M_{mix(I)}$	群体	Shannon 多样性指数的混合评价参数 $M_{mix(I)}$
云南永仁	0.2303	广西乐业②	0.2349	云南云龙	0.2259
贵州册亨	0.2260	云南马关	0.2132	云南香格里拉	0.2413
贵州大方	0.2316	四川米易	0.2442	云南新平	0.2450
云南福贡	0.2377	云南曲靖	0.2412	贵州兴义	0.2212
云南富宁	0.2190	云南双柏	0.2236	西藏察隅	0.2421
广西隆林	0.2274	贵州水城	0.2312	云南元江	0.2357
云南丽江	0.2357	四川西昌	0.2289	云南禄丰	0.2274
云南龙陵	0.2369	云南双江①	0.2340	云南镇雄	0.2107
广西乐业①	0.2318	云南双江②	0.2191	平均值	0.2306

7.3.3　云南松居群间混合遗传距离分析

通过混合遗传距离 D_{mix} 分析材用云南松 26 个居群间的遗传关系，结果表明（表 7-2）：26 个居群中，云南镇雄和广西隆林两个居群间的混合遗传距离 D_{mix}（0.309）最小，云南龙陵和云南永仁 2 个居群间的 D_{mix}（0.487）最大；26 个居群中，每个居群与其他 25 个居群两两间的平均 D_{mix} 按其从大到小的排序为：云南龙陵（0.442）＞云南曲靖（0.410）＝云南双江①（0.410）＝贵州册亨（0.410）＞云南丽江（0.409）＞西藏察隅（0.397）＞云南双江②（0.396）＞云南云龙（0.395）＞云南元江（0.393）＝云南禄丰（0.393）＝云南永仁（0.393）＞云南富宁（0.390）＞云南马关（0.389）＝云南福贡（0.389）＝云南新平（0.389）＝四川米易（0.389）＞贵州水城（0.386）＝四川西昌（0.386）＞云南双柏（0.385）＞广西乐业②（0.383）＞云南香格里拉（0.381）＞贵州大方（0.378）＝广西乐业①（0.378）＞云南镇雄（0.373）＞贵州兴义（0.371）＞广西隆林（0.362）；26 个居群的平均 D_{mix} 为 0.391。

表7-2　材用云南松居群间的混合遗传距离 D_{mix}

群体	云南永仁	贵州册亨	贵州大方	云南福贡	云南富宁	广西隆林	云南丽江	云南龙陵	广西乐业①	广西乐业②	云南马关	四川米易	云南曲靖	云南双柏	贵州水城	四川西昌	云南双江①	云南双江②	云南云龙	云南香格里拉	云南新平	贵州兴义	西藏察隅	云南元江	云南禄丰	云南镇雄
云南永仁	0	0.424	0.369	0.378	0.367	0.362	0.360	0.487	0.369	0.372	0.424	0.374	0.433	0.371	0.345	0.391	0.457	0.430	0.384	0.371	0.401	0.395	0.428	0.432	0.365	0.345
贵州册亨	0.424	0	0.401	0.443	0.406	0.387	0.450	0.463	0.396	0.415	0.403	0.418	0.389	0.394	0.430	0.362	0.425	0.403	0.424	0.411	0.399	0.372	0.417	0.420	0.395	0.405
贵州大方	0.369	0.401	0	0.380	0.348	0.344	0.406	0.459	0.356	0.362	0.384	0.366	0.394	0.372	0.357	0.362	0.411	0.399	0.365	0.367	0.371	0.360	0.395	0.382	0.377	0.350
云南福贡	0.378	0.443	0.380	0	0.387	0.352	0.379	0.440	0.377	0.369	0.403	0.352	0.422	0.386	0.365	0.371	0.411	0.415	0.381	0.337	0.402	0.388	0.395	0.394	0.378	0.352
云南富宁	0.367	0.406	0.348	0.387	0	0.360	0.402	0.465	0.374	0.377	0.405	0.382	0.424	0.372	0.364	0.397	0.424	0.413	0.373	0.379	0.400	0.377	0.403	0.409	0.410	0.340
广西隆林	0.362	0.387	0.344	0.352	0.360	0	0.389	0.424	0.347	0.348	0.369	0.356	0.424	0.360	0.350	0.371	0.413	0.373	0.371	0.350	0.352	0.316	0.368	0.361	0.363	0.309
云南丽江	0.360	0.450	0.406	0.379	0.402	0.389	0	0.443	0.406	0.379	0.417	0.411	0.379	0.360	0.393	0.409	0.417	0.410	0.361	0.393	0.433	0.421	0.441	0.361	0.403	0.375
云南龙陵	0.487	0.463	0.459	0.440	0.465	0.424	0.389	0	0.462	0.443	0.423	0.476	0.452	0.400	0.478	0.440	0.379	0.410	0.434	0.439	0.438	0.417	0.427	0.441	0.472	0.446
广西乐业①	0.369	0.396	0.356	0.377	0.374	0.347	0.406	0.462	0	0.332	0.372	0.363	0.415	0.362	0.343	0.382	0.414	0.388	0.369	0.369	0.369	0.349	0.386	0.385	0.382	0.360
广西乐业②	0.372	0.415	0.362	0.369	0.377	0.348	0.379	0.443	0.332	0	0.388	0.370	0.421	0.365	0.340	0.394	0.422	0.406	0.370	0.370	0.383	0.364	0.396	0.384	0.394	0.362
云南马关	0.424	0.403	0.384	0.403	0.405	0.369	0.417	0.423	0.372	0.388	0	0.396	0.397	0.380	0.399	0.388	0.378	0.335	0.397	0.386	0.376	0.355	0.373	0.367	0.408	0.392
四川米易	0.374	0.418	0.366	0.352	0.382	0.356	0.411	0.476	0.363	0.370	0.396	0	0.412	0.389	0.370	0.387	0.435	0.413	0.347	0.404	0.385	0.372	0.407	0.392	0.379	0.359
云南曲靖	0.433	0.389	0.394	0.422	0.424	0.424	0.379	0.452	0.415	0.421	0.397	0.412	0	0.411	0.427	0.359	0.411	0.412	0.437	0.405	0.396	0.383	0.402	0.396	0.413	0.405
云南双柏	0.371	0.394	0.372	0.386	0.372	0.360	0.360	0.400	0.362	0.365	0.380	0.389	0.411	0	0.372	0.387	0.402	0.389	0.397	0.377	0.384	0.355	0.404	0.382	0.397	0.374
贵州水城	0.345	0.430	0.357	0.365	0.364	0.350	0.393	0.478	0.343	0.340	0.399	0.370	0.427	0.372	0	0.398	0.442	0.413	0.370	0.370	0.381	0.363	0.391	0.381	0.386	0.340
四川西昌	0.391	0.362	0.362	0.371	0.397	0.371	0.409	0.440	0.382	0.394	0.388	0.387	0.359	0.387	0.398	0	0.407	0.407	0.392	0.380	0.381	0.363	0.376	0.396	0.378	0.365
云南双江①	0.457	0.425	0.411	0.411	0.424	0.413	0.417	0.379	0.414	0.422	0.378	0.435	0.411	0.402	0.442	0.407	0	0.363	0.425	0.411	0.402	0.378	0.373	0.415	0.425	0.423
云南双江②	0.430	0.403	0.399	0.415	0.413	0.373	0.410	0.410	0.388	0.406	0.335	0.413	0.412	0.389	0.413	0.407	0.363	0	0.395	0.402	0.392	0.367	0.373	0.404	0.405	0.405
云南云龙	0.384	0.424	0.365	0.381	0.373	0.371	0.361	0.434	0.384	0.370	0.400	0.347	0.437	0.397	0.370	0.392	0.425	0.395	0	0.386	0.414	0.395	0.408	0.415	0.391	0.374
云南香格里拉	0.371	0.411	0.367	0.337	0.379	0.350	0.393	0.439	0.388	0.370	0.397	0.404	0.405	0.377	0.370	0.380	0.411	0.402	0.386	0	0.386	0.370	0.396	0.390	0.377	0.359
云南新平	0.401	0.399	0.371	0.402	0.400	0.352	0.433	0.438	0.369	0.383	0.376	0.385	0.396	0.384	0.381	0.381	0.402	0.392	0.414	0.386	0	0.350	0.366	0.380	0.390	0.375
贵州兴义	0.395	0.372	0.360	0.388	0.377	0.316	0.421	0.417	0.349	0.364	0.355	0.372	0.383	0.355	0.363	0.363	0.378	0.367	0.395	0.370	0.350	0	0.369	0.357	0.378	0.342
西藏察隅	0.428	0.417	0.395	0.395	0.403	0.368	0.441	0.427	0.386	0.396	0.373	0.407	0.402	0.404	0.391	0.376	0.373	0.373	0.408	0.396	0.366	0.369	0	0.377	0.410	0.403
云南元江	0.432	0.420	0.382	0.394	0.409	0.361	0.361	0.441	0.385	0.384	0.367	0.392	0.396	0.382	0.410	0.396	0.360	0.404	0.415	0.390	0.380	0.357	0.377	0	0.404	0.393
云南禄丰	0.365	0.395	0.377	0.378	0.410	0.363	0.403	0.472	0.382	0.394	0.408	0.379	0.413	0.397	0.386	0.378	0.425	0.405	0.391	0.377	0.390	0.378	0.410	0.404	0	0.362
云南镇雄	0.345	0.405	0.350	0.352	0.340	0.309	0.375	0.446	0.360	0.362	0.392	0.359	0.405	0.374	0.340	0.365	0.423	0.405	0.374	0.359	0.375	0.342	0.403	0.393	0.362	0
平均	0.393	0.410	0.378	0.389	0.390	0.362	0.409	0.442	0.378	0.383	0.389	0.389	0.410	0.385	0.386	0.386	0.410	0.396	0.389	0.381	0.389	0.371	0.397	0.393	0.393	0.373

7.4　结论与讨论

　　Zin Suh *et al.*（1994）分别对红松、赤松和黑松进行同工酶遗传标记分析，研究其各自的原地保存抽样策略，认为赤松群体样本量 14 个，黑松群体样本量 9 个，红松群体样本量 7 个，3 个树种每群体均保存 25 株，可以在群体数量和群体内个体数量方面均满足捕获种群遗传变异达 95% 的要求。宋丛文（2005）通过对珙桐的 RAPD 分子标记分析，研究其原地保存抽样策略，确定群体样本量 3 个，每群体保存 30 株，可以使抽样群体的代表性达 95%，群体内抽样个体的代表性达 99%。上述前人的研究皆依据遗传标记建立的捕获曲线来确定适合的抽样群体和个体数量，并未考虑多项式回归分析拟合的模型。本研究通过对材用云南松 SRAP 分子标记分析，根据遗传标记捕获曲线和模型，确定原地保存时，群体样本量为 12 个，群体内样本量为 24 株，可使群体数量和群体内个体数量的代表性均达到 95%，同时符合 1 个树种全分布区保存时，设原地保存林 5~16 块的要求（顾万春 等，1998），达到了材用云南松遗传资源保存目的和精度要求。在种质资源保存中，为降低群体内个体间近亲交配系数，确定群体内个体间距离 30~50m（顾万春 等，1998）。依据野外调查中材用云南松平均树高和对样株间隔距离的要求，本研究群体内个体间平均距离以 50m 计算，每个个体占有空间约为 1900m^2，每群体样本量为 24 株，因此原地保存中，每群体适宜保存面积为 4.6~4.8hm^2，考虑安全因素，每群体保存面积为 5hm^2。符合林木遗传资源材料收集中，群体的原生林面积在 5~10hm^2 左右，不小于 3hm^2 的要求（顾万春等，1998）。本研究原地保存策略中，每群体适宜保存面积大于前人对红松、赤松、黑松和珙桐等树种所确定的适宜保存面积（2.0~3.0hm^2）（Zin Suh *et al.*，1994；顾万春 等，1998；顾万春 等，1999；宋丛文，2005），这可能与云南松的花粉和种子的散布能力强的特性有关，从基因流方面来看，云南松的基因流（$N_m=4.4357$）大于珙桐（$N_m=1.4239$）、红松（$N_m=0.9689$）、赤松（$N_m=0.9808$）和黑松（$N_m=1.5612$）（宋丛文，2005；姜媛秀，2010；朱建中，1999；陈兴彬，2012），所以为了提高群体内个体对种群的代表性，云南松群体内个体间的平均距离大于其他树种（个体间平均距离以 30m 计算），进而每群体适宜保存面积也大于其他树种。

　　根据前述遗传标记捕获曲线和模型分析，可知原地保存中适宜的群体样本数量，但其群体样本是随机抽取的。森林种质资源保存不仅应该保留已知价值的种内变异性，还应该尽量保持树种的遗传多样性（顾万春 等，1998）。为了更好地、有针对性地保存材用云南松的遗传多样性，借鉴宋丛文（2005）对珙桐原地保存策略研究的思路，即先通过遗传标记捕获曲线确定保存的群体样本量，再根据遗传距离和遗传丰富度选取群体样本。本研究在保证群体样本数量的前提下，不再随机抽取样本，而是结合本书对各群体的遗传多样性的分析结果和云南松的种源区划（金振洲 等，2004），选取遗传多样性高且有利于树种种源分布全面均衡的居群作为保存的群体样本。从表型遗传多样性来看，云南双江①、云南龙陵、云南马关、云南曲靖、云南永仁、贵州册亨、贵州水城、云南丽江和西藏察隅 9 个居群的表型变异较其余 17 个居群大。从 SRAP 分子标记来看，26 个居群中，四川米易、西藏察隅和云南新平 3 个居群的遗传多样性较其余居群更为丰富，而云南镇雄居群的遗传多样性最低。从 Shannon 多样性指数混合评价参数 $M_{mix(I)}$ 来看，云南新平、四川米易、西藏察隅、云南香格里拉、云南曲靖、云南福贡、云南龙陵、云南丽江、云南元江、广西乐业②、云南双江①、广西乐业①、贵州大方、贵州水城 14 个居群的 $M_{mix(I)}$ 大于平均值。从混合遗传距离 D_{mix} 来看，大于 26 个居群的平均 D_{mix} 的居群有云南龙陵、云南曲靖、云南双江①、贵州册亨、云南丽江、西藏察隅、云南双江②、云南云龙、云南元江、云南禄丰、云南永仁 11 个。综合表型多样性、分子标记多样性、Shannon 多样性指数混合评价参数 $M_{mix(I)}$、混合遗传距离 D_{mix} 的遗传多样性分析结果，同时考虑居群所在的种源区的分布情况，确定云南新平、四川米易、西藏察隅、云南香格里拉、云南福贡、云南龙陵、云南丽江、广西乐业②、云南双江①、贵州水城、云南永仁和贵州册亨 12 个居群为材用云南松原地保存群体。许玉兰（2015）在对云南区域分布的云南松遗传变异研究的基础上，提出其种质资源保护策略，认为以 2~6 个优先保护群体较为适宜，优先保护群体多分散在边缘区域。本研究最终确定的材用云南松原地保存的 12 个群体，既有位于边缘分布区的居群，亦有位于中部分布区的居群，在保存边缘分布区特殊的表型或基因型的同时，注重保存中部分布区高生产力的表型或基因型，因此材用云南松原地保存策略的确定，可实现其优良种质资源保存的目的和要求。

材用云南松原地保存策略研究中，根据 10 对 SRAP 引物扩增出的 669 个多态位点的分子标记数据信息，采用多项式回归统计分析，分别建立群体间和群体内个体间的遗传标记捕获曲线和拟合模型。结合曲线模拟抽样和模型分析认为，对于多态位点百分率，抽样 10~12 个群体、每群体抽样 20~24 株，其代表性可达 95% 以上。群体内个体间平均距离以 50m 计算，每群体样本量为 24 株，结合考虑安全因素，每群体适宜保存面积为 5.0hm²。因此最终确定原地保存时的样本量策略为，群体样本量 12 个，群体内个体样本量 24 株，每群体适宜保存面积 5.0hm²，可以达到材用云南松遗传资源保存目的和精度要求。考虑居群的表型多样性和分子标记多样性分析结果的同时，采用 Shannon 多样性指数混合评价参数 $M_{mix(I)}$ 和混合遗传距离 D_{mix} 对 26 个居群的遗传多样性进行分析、评价和排序，同时结合 26 个居群的地理分布和云南松的种源区划，最终确定云南新平、四川米易、西藏察隅、云南香格里拉、云南福贡、云南龙陵、云南丽江、广西乐业②、云南双江①、贵州水城、云南永仁和贵州册亨 12 个居群为原地保存群体。据此，提出材用云南松的原地保存策略为群体样本量 12 个，群体内个体样本量 24 株，每群体保存面积 5.0hm² 和 12 个有针对性的具体原地保存群体。该原地保存策略既包含了群体和群体内的样本量策略，又包含了需优先保存的群体信息，可在保证群体样本量的前提下，使得保存群体更具针对性和实用性，以利于实现材用云南松优良种质资源保存的目的和要求。

前人在其他树种的原地保存策略研究中，大多只是依靠遗传标记捕获曲线分析，获知原地保存中适宜的群体样本数量，但其群体样本是随机抽取的。有个别学者先通过遗传标记捕获曲线确定保存的群体样本量，再利用分子标记的遗传多样性指标来确定保存群体。本研究首先通过遗传标记捕获曲线和拟合模型分析，确定原地保存的群体样本量，然后在保证群体样本数量的前提下，根据整合表型性状和分子标记数据计算出的 Shannon 多样性指数混合评价参数 $M_{mix(I)}$ 和混合遗传距离 D_{mix} 的遗传多样性分析结果以及云南松的种源区划，选取遗传多样性高且有利于树种种源分布全面均衡的居群作为保存的群体样本。因此群体样本结果较前人单独利用分子标记数据的相关指标为依据或采用随机方法获取的保存群体更具针对性。

材用云南松种质资源原地保存今后的工作重点是：对入选原地保存群体的居群，依据本研究采样时对样株的 GPS 定位信息以及确定的每群体的样本量和适宜保存面积，划定每群体的原地保存区域和边界，对需优先保存的种质资源单元实施原地保存，并对原地保存的遗传资源实施动态监测和评价。通过原地保存和异地保存相结合的措施，解决材用云南松种质资源保存的问题，为后续对材用云南松种质资源进行全面的研究、评价和利用奠定基础。

材用云南松超级苗初步选择

林木超级苗选择是根据林木生长性状在早、晚龄间存在的正相关关系，针对其苗期生长表现，进行的优良个体选择，是早期获得优良基因型的主要途径之一，可以缩短育种周期，加速育种进程，为林木优良种质资源的保存和利用提供基础材料（马常耕，1996；刘代亿 等，2010；吕学辉 等，2012）。材用云南松核心种质库（异地保存）今后的工作重点之一是对入选材用云南松核心种质库的 234 株样株，收集种子进行异地保存或分家系播种筛选超级苗，进而定植超级苗构建异地保存林，以解决材用云南松种质资源长期异地保存的问题，为后续对材用云南松种质资源进行全面的研究、评价和利用奠定基础。有鉴于此，开展材用云南松核心种质库中种质材料的超级苗选择在其优良种质资源保存和良种壮苗繁育与利用方面具有重要的意义和价值。

本研究借鉴刘代亿等（2010）对云南松一般苗木的超级苗选育和吕学辉等（2012）对云南松优良家系超级苗选育的相关研究方法，通过测定分析材用云南松核心种质库中种质材料子代的生长表型性状，对材用云南松种质材料开展超级苗初步选育研究，在探讨超级苗选育策略的同时，获得一定数量的超级苗，为进一步定植超级苗构建异地保存林提供基础材料。

8.1　研究材料

从依据整合表现型值和分子标记信息数据，采用适宜抽样策略所构建的包含 234 株样株的材用云南松核心种质库中随机抽取 16 株样株，这 16 株样株来自于 6 个天然居群（西藏察隅、四川西昌、贵州册亨、云南永仁、云南云龙、云南双柏）。将分单株采集的种子做相应的编号并播种育苗。播种时，每样株的种子为一个家系，分家系播种育苗。于苗圃中整地做床，采用点播育苗，株行距为 5cm×5cm。以 6 个月生云南松实生苗（2018 年 4 月播种，2018 年 10 月测定苗木形态指标）以及 1 年生云南松实生苗（2018 年 4 月播种，2019 年 4 月测定苗木形态指标）为超级苗选育的试验材料。

8.2　研究方法

8.2.1　播种前种子处理

净种后，将云南松种子分单株用纱布包好并做好标记，进行浸种催芽和消毒处理。将种子用始温 45℃的水浸泡 24h，然后用 0.15% 的福尔马林溶液浸泡 20min，再用蒸馏水冲洗 2~3 次（王晓丽 等，2012），备用。

8.2.2　苗床准备与播种方法

采用高床育苗，播种前 1 周，平整苗床，使床面高出步道 10cm，而后用 0.5% 的高锰酸钾和多菌灵溶液喷洒苗床进行土壤消毒。播种前 2 天，取云南松林下表层土壤，将其铺在苗床上，厚度约 5cm（吕学辉 等，2012）。采用均匀定点点播，株行距为 5cm×5cm，每穴播种 1 粒种子，每个家系 10 行，每行 10 粒种子。播种后覆土，苗床上覆盖松针。

8.2.3 试验设计与田间排列

采用完全随机区组设计，田间排列通过抽签法实现，3 个重复，每个重复16 个小区，每个小区为一个家系。按抽签法所得随机数对区组内的小区进行编号，每个小区的编号数字代表一个相应的家系（洪伟 等，2004）。具体的试验设计及排列见表 8-1，家系和小区编号信息见表 8-2。

表 8-1　试验设计及田间排布

重复	田间排布														
区组 Ⅰ	7	14	12	10	11	15	8	6	3	9	16	4	1	13	5	2
区组 Ⅱ	8	9	11	13	6	7	15	5	12	10	3	2	4	16	1	14
区组 Ⅲ	10	7	16	8	1	2	12	13	3	14	5	9	6	11	4	15

表 8-2　田间排列小区编号与对应的材用云南松家系信息

小区编号	家系	小区编号	家系
1	西藏察隅①	9	四川西昌④
2	西藏察隅②	10	贵州册亨①
3	西藏察隅③	11	贵州册亨②
4	云南云龙①	12	云南永仁①
5	云南云龙②	13	云南永仁②
6	四川西昌①	14	云南永仁③
7	四川西昌②	15	云南永仁④
8	四川西昌③	16	云南双柏①

8.2.4 调查方法及调查内容

材用云南松每个家系随机抽取 30 株苗木进行 6 个月生苗木苗高（用直尺测量从苗木基部至最高处的距离）、地径（用游标卡尺测量苗木土痕处的直径）形态指标的测定，同时对所选取苗木挂牌，6 个月后对挂牌苗木再次进行苗高、地径形态指标的测定，得到 12 个月生苗木的苗高、地径数据。同时观察记录苗木的形质特征（生长是否健壮、顶芽是否正常存在、干形通直度、分枝情况等）（王晓丽 等，2018）。

8.2.5 数据分析

通过 EXCEL 2007 进行数据整理，利用 SPSS 17.0 软件分别对材用云南松 6个月生、12 个月生苗木的同龄级家系间和家系内个体间的生长差异进行描述统计分析和方差分析（宋墩福 等，2016；王晓丽 等，2018），确定超级苗选择的标准，筛选出一定数量的超级苗。

8.2.6 超级苗选择方法

材用云南松超级苗选择采用标准差法结合直接观察法（宋墩福 等，2016；王晓丽 等，2018）。①根据苗木形态指标调查基础数据，统计平均苗高、平均地径；②根据对超级苗的需求和选择强度来确定适宜的标准（以苗高、地径哪个指标为主以及合适的标准差倍数）；③根据确定的适宜的标准对苗木进行初选；④根据对初选苗木形质特征的直接观察结果进行复选；⑤初选、复选皆入选的苗木即为超级苗。

8.3　结果与分析

8.3.1　云南松不同家系间的苗木生长量分析

6个月生和12个月生的材用云南松苗木的苗高和地径在家系间皆存在极显著差异（P=0.000）（表8-3），说明此两个苗龄的材用云南松苗木生长量在家系间存在超级苗选择的基础。以组间苗木生长量差异显著和组内苗木生长量差异不显著为原则，依据6个月生和12个月生的材用云南松苗木生长量在家系间多重比较结果（表8-4），可将苗高生长量划分为6组、地径生长量划分为5组，表明两个苗龄的材用云南松苗木的苗高和地径均于16个家系间存在生长量差异，且苗高生长量差异大于地径生长量差异。两个苗龄的材用云南松苗木生长量均存在如下情况，即同一家系中，苗高生长量和地径生长量并不一定能划入同一组别，如苗龄6个月时，家系8、12、16的苗高生长量均为a组，但地径生长量方面，家系12为a组，家系8为b组，家系16为d组；苗龄12个月时，家系10、12、14、16的苗高生长量均为a组，但地径生长量方面，家系12和14为ab组，家系10为e组，家系16为de组（表8-4）。研究结果表明不同家系的苗高生长量与地径生长量间既具有一定的相关性和协同性，又存在异速性，且同一家系的生长量（苗高和地径）在不同苗龄期存在异速性。因此，材用云南松超级苗的生长性状选择必须考虑主导因子，结合两个苗龄的材用云南松苗木的苗高生长量差异均大于地径生长量差异的研究结果，认为材用云南松超级苗选择应以苗高为主、地径为辅。

表8-3　材用云南松家系间生长量差异显著性检验

苗龄	生长指标	变异来源	离差平方和	自由度	均方	F	P
6个月	苗高	家系间	64.05	15	4.27	3.56**	0.000
		误差	509.35	464	1.20		
		总和	573.40	479			
	地径	家系间	37.89	15	2.53	3.95**	0.000
		误差	296.31	464	0.64		
		总和	334.20	479			
12个月	苗高	家系间	76.52	15	5.10	3.19**	0.000
		误差	741.05	464	1.60		
		总和	817.57	479			
	地径	家系间	30.74	15	2.05	2.77**	0.000
		误差	345.38	464	0.74		
		总和	376.12	479			

* 表示差异显著；** 表示差异极显著。

表8-4　材用云南松家系间生长量多重比较

苗龄	家系	苗高（cm）±标准差	地径（mm）±标准差	苗龄	家系	苗高（cm）±标准差	地径（mm）±标准差
6个月	1	5.73 ± 0.89de	3.56 ± 0.21b	12个月	1	6.35 ± 0.71ef	3.91 ± 0.57b
	2	6.15 ± 0.47d	3.28 ± 1.01c		2	6.88 ± 0.62e	3.48 ± 0.91cd
	3	5.05 ± 1.02f	3.71 ± 1.36ab		3	5.95 ± 1.47f	4.01 ± 1.88b
	4	5.44 ± 0.87e	3.37 ± 0.99bc		4	5.75 ± 0.93f	3.48 ± 1.39cd
	5	6.63 ± 1.31cd	3.93 ± 0.64a		5	6.97 ± 1.03e	4.53 ± 0.97a
	6	7.77 ± 1.42ab	3.04 ± 1.37cd		6	8.09 ± 1.12c	3.23 ± 1.74d
	7	7.45 + 0.96b	2.59 ± 0.53de		7	7.75 ± 1.16cd	2.85 ± 0.79de
	8	8.03 ± 1.38a	3.61 ± 0.79b		8	8.41 ± 1.09b	3.89 ± 0.96b
	9	7.11 ± 1.95b	2.88 ± 1.27d		9	7.91 ± 1.33c	3.04 ± 1.67de
	10	7.83 ± 0.84ab	2.34 ± 1.55e		10	8.93 ± 1.81a	2.57 ± 1.44e
	11	6.99 ± 0.91c	3.44 ± 1.37bc		11	7.58 ± 0.70d	3.86 ± 1.02b
	12	8.37 ± 0.85a	3.82 ± 0.94a		12	8.94 ± 0.94a	4.35 ± 0.75ab
	13	7.14 ± 1.32b	3.14 ± 0.77cd		13	8.05 ± 1.25c	3.61 ± 0.96c
	14	7.77 ± 1.49ab	3.75 ± 1.63ab		14	8.94 ± 1.08a	4.36 ± 1.12ab
	15	7.01 ± 0.94bc	3.48 ± 0.81bc		15	7.99 ± 1.75c	3.98 ± 0.77b
	16	8.19 ± 0.75a	2.87 ± 0.94d		16	8.89 ± 1.47a	3.01 ± 1.49de

小写字母a、b、c等标注0.05水平上的差异显著性。

8.3.2　云南松家系内个体间的苗木生长量分析

由表8-5可知，苗龄6个月时，供试的材用云南松16个家系中，除了家系9、10和12这3个家系外，其余13个家系苗木的苗高生长量在家系内个体间均存在显著或极显著差异；苗龄12个月时，供试的材用云南松16个家系中，除了家系6、9和12这3个家系外，其余13个家系苗木的苗高生长量在家系内个体间均存在显著或极显著差异。综合两个苗龄的材用云南松家系内个体间的苗木生长量分析，认为同一家系内不同个体间的苗高生长量存在显著差异。因此，材用云南松超级苗选择中以苗高为主要依据是可行的。

表 8-5　材用云南松家系内苗高生长量差异显著性检验

苗龄	家系	苗高		苗龄	家系	苗高	
		F	P			F	P
6个月	1	10.892**	0.000	12个月	1	30.067**	0.000
	2	25.017**	0.000		2	41.538**	0.000
	3	14.772**	0.000		3	18.655**	0.000
	4	19.869**	0.000		4	20.439**	0.000
	5	3.705*	0.038		5	28.646**	0.000
	6	3.140*	0.041		6	2.189	0.085
	7	30.581**	0.000		7	38.215**	0.000
	8	28.643**	0.000		8	21.630**	0.000
	9	2.539	0.078		9	1.974	0.153
	10	3.059	0.054		10	3.604*	0.048
	11	26.152**	0.001		11	34.999**	0.000
	12	2.088	0.144		12	2.961	0.093
	13	36.740**	0.000		13	20.728*	0.014
	14	31.119**	0.000		14	4.163*	0.043
	15	26.587**	0.000		15	36.149**	0.000
	16	39.311**	0.000		16	28.899**	0.006

* 表示差异显著；** 表示差异极显著。

8.3.3　云南松超级苗选择标准

材用云南松超级苗选择以速生用材为目标，选择生长快、干形通直、无病虫害的优良单株以提供无性繁殖的优良材料、缩短人工林培育周期、提高其经济价值。因此，为确定超级苗初选的选择标准，以材用云南松两个苗龄 16 个家系的苗木的苗高为主要指标，地径为辅助指标，以各家系内苗木的平均苗高加上 1~3 倍标准差开展选择分析（表 8-6）。对于材用云南松，6 个月生和 12 个月生苗木各家系内的平均苗高加上 1 倍标准差时入选率为 17.1%~31.5%，入选率较高，入选群体中表现一般的个体占比较高，总体质量相对较差；6 个月生和 12 个月生苗木各家系内的平均苗高加上 2 倍标准差时入选率在 8.6%~16.4%，入选率中等，入选群体中表现突出的个体占比较高，总体质量相对较好；6 个月生和 12 个月生苗木各家系内的平均苗高加上 3 倍标准差时入选率在 3.2%~6.7%，入选率较低，有的家系入选率极低（只有 1 株入选），入选群体中虽皆为表现突出的个体，总体质量也高，但是无法满足实际工作中对苗木量的需求。综合考虑入选率和实际工作中对苗木数量的需求，以及入选苗木的生长指标整体质量情况，6 个月生和 12 个月生材用云南松超级苗初步选择以苗木平均苗高加上 2 倍标准差作为选择标准是合适的。

8.3.4　云南松超级苗选择结果

两个苗龄的材用云南松苗木的苗高生长量在供试的 16 个家系间皆存在显著差异（表 8-3）；两个苗龄的材用云南松苗木的苗高生长量在供试的 12 个家系（除了家系 6、9、10 和 12）内皆存在显著差异（表 8-5），因此，两个苗龄的材用云南松超级苗初步选择时，以苗高为主要依据，在家系间和家系内皆具基础。两个苗龄超级苗初步选择均以其各家系的苗高生长量加上相应的 2 倍标准差为依据开展（表 8-7）。经过初选和复选，材用云南松两个苗龄

表8-6 材用云南松各家系苗高选择标准

苗龄	家系	苗高+1倍标准差 选择标准(cm)	苗高+1倍标准差 入选率(%)	苗高+2倍标准差 选择标准(cm)	苗高+2倍标准差 入选率(%)	苗高+3倍标准差 选择标准(cm)	苗高+3倍标准差 入选率(%)
6个月	1	6.62	27.4	7.51	14.2	8.40	6.7
	2	6.62	23.1	7.09	13.9	7.56	4.9
	3	6.07	29.9	7.09	13.1	8.11	4.1
	4	6.31	27.5	7.18	16.4	8.05	5.8
	5	7.94	20.1	9.25	11.6	10.56	3.5
	6	9.19	17.6	10.61	11.2	12.03	3.1
	7	8.41	22.5	9.37	15.5	10.33	6.6
	8	9.41	19.3	10.79	13.7	12.17	3.7
	9	9.06	21.8	11.01	11.4	12.96	3.9
	10	8.67	20.4	9.51	15.1	10.35	5.3
	11	7.90	25.2	8.81	13.0	9.72	4.7
	12	9.22	27.8	10.07	14.9	10.92	4.9
	13	8.46	18.5	9.78	10.4	11.10	5.5
	14	9.26	22.9	10.75	12.3	12.24	3.2
	15	7.95	28.8	8.89	16.2	9.83	6.1
	16	8.94	30.5	9.69	14.3	10.44	4.3
12个月	1	7.06	22.5	7.77	11.1	8.48	4.7
	2	7.50	25.9	8.12	13.5	8.74	4.1
	3	7.42	22.1	8.89	10.3	10.36	3.8
	4	6.68	20.8	7.61	11.7	8.54	3.4
	5	8.00	23.0	9.03	10.9	10.06	4.4
	6	9.21	21.4	10.33	9.6	11.45	3.8
	7	8.91	27.7	10.07	12.4	11.23	3.2
	8	9.50	30.2	10.59	13.5	11.68	5.6
	9	9.24	31.5	10.57	14.2	11.90	3.8
	10	10.74	18.6	12.55	10.0	14.36	4.5
	11	8.28	29.4	8.98	15.2	9.68	4.9
	12	9.88	21.5	10.82	13.4	11.76	3.7
	13	9.30	21.8	10.55	13.7	11.80	4.2
	14	10.02	17.1	11.10	8.6	12.18	3.2
	15	9.74	21.1	11.49	10.7	13.24	3.5
	16	10.36	23.9	11.83	14.6	13.30	5.8

表8-7　材用云南松超级苗选择结果及增量效果表

家系	苗龄(月)	初选 选择标准(cm)	初选 入选株数	初选 入选率(%)	复选 入选株数	复选 入选率(%)	复选 平均入选率(%)	平均苗高生长量 参试群体(cm)	入选群体(cm)	增量(cm)	增率(%)	平均增率(%)	两个苗龄超级苗选育同时入选的单株 入选株数	共同入选株数占各苗龄入选株数的比例(%)	共同入选株数占各苗龄入选株数的比例的平均值(%)
1	6	7.51	4	14.2	4	14.2	12.65	5.73	7.93	2.20	38.39	35.89	3	75.0	87.50
	12	7.77	3	11.1	3	11.1		6.35	8.47	2.12	33.39			100.00	
2	6	7.09	4	13.9	4	13.9	12.45	6.15	7.95	1.80	29.27	26.63	3	75.0	87.50
	12	8.12	4	13.5	3	11.0		6.88	8.53	1.65	23.98			100.00	
3	6	7.09	3	13.1	3	13.1	11.70	5.05	7.77	2.72	53.86	54.41	2	66.67	66.67
	12	8.89	3	10.3	3	10.3		5.95	9.22	3.27	54.96			66.67	
4	6	7.18	5	16.4	3	11.0	11.35	5.44	7.48	2.04	37.50	44.58	2	66.67	58.34
	12	7.61	4	11.7	4	11.7		5.75	8.72	2.97	51.65			50.00	
5	6	9.25	3	11.6	3	11.6	11.25	6.63	9.64	3.01	45.40	45.80	3	100.00	100.00
	12	9.03	3	10.9	3	10.9		6.97	10.19	3.22	46.20			100.00	
6	6	10.61	4	11.2	4	11.2	10.40	7.77	10.87	3.10	39.90	42.20	3	75.00	87.50
	12	10.33	3	9.6	3	9.6		8.09	11.69	3.60	44.50			100.00	
7	6	9.37	3	15.5	3	15.5	13.95	7.45	9.88	2.43	32.62	35.67	3	100.00	87.50
	12	10.07	4	12.4	4	12.4		7.75	10.75	3.00	38.71			75.00	
8	6	10.79	5	13.7	5	13.7	13.60	8.03	11.02	2.99	37.24	44.07	3	60.00	67.50
	12	10.59	4	13.5	4	13.5		8.41	12.69	4.28	50.89			75.00	

续表

家系	苗龄（月）	初选			复选			平均高生长量					两个苗龄超级苗选育同时入选的单株		
		选择标准（cm）	入选株数	入选率（%）	入选株数	入选率（%）	平均入选率（%）	参试群体（cm）	入选群体（cm）	增量（cm）	增率（%）	平均增率（%）	入选株数	共同入选株数占各苗龄入选株数的比例（%）	共同入选株数占各苗龄入选株数的比例的平均值（%）
9	6	11.01	4	11.4	4	11.4	12.80	7.11	11.64	4.53	63.71	62.20	4	100.00	100.00
	12	10.57	4	14.2	4	14.2		7.91	12.71	4.80	60.68			100.00	
10	6	9.51	5	15.1	5	15.1	12.55	7.83	10.01	2.18	27.84	38.67	2	40.00	53.34
	12	12.55	3	10.0	3	10.0		8.93	13.35	4.42	49.50			66.67	
11	6	8.81	3	13.0	3	13.0	12.60	6.99	9.41	2.42	34.62	36.44	2	66.67	66.67
	12	8.98	5	15.2	3	12.2		7.58	10.48	2.90	38.26			66.67	
12	6	10.07	4	14.9	4	14.9	14.15	8.37	10.85	2.48	29.63	32.60	4	100.00	100.00
	12	10.82	4	13.4	4	13.4		8.94	12.12	3.18	35.57			100.00	
13	6	9.78	5	10.4	5	10.4	12.05	7.14	10.33	3.19	44.68	46.57	3	60.00	67.50
	12	10.55	4	13.7	4	13.7		8.05	11.95	3.90	48.45			75.00	
14	6	10.75	4	12.3	4	12.3	10.45	7.77	11.45	3.68	47.36	45.44	3	75.00	87.50
	12	11.10	3	8.6	3	8.6		8.94	12.83	3.89	43.51			100.00	
15	6	8.89	4	16.2	4	16.2	13.45	7.01	9.90	2.89	41.23	50.47	2	50.00	58.35
	12	11.49	3	10.7	3	10.7		7.99	12.76	4.77	59.70			66.67	
16	6	9.69	4	14.3	4	14.3	14.45	8.19	10.53	2.34	28.57	35.04	4	100.00	100.00
	12	11.83	4	14.6	4	14.6		8.89	12.58	3.69	41.51			100.00	

各家系苗木最终入选率均在 10% 以上，最高为 14.45%。入选的超级苗在生长量上具有较大的生长优势，材用云南松两个苗龄各家系苗高生长量增率为 26.63%~62.20%，说明材用云南松超级苗选择效果显著。材用云南松两个苗龄的超级苗选择是在相同的苗木群体中进行的（对苗木进行挂牌），两个苗龄各家系超级苗选择同时入选的单株数量占各苗龄入选单株数量的比例的平均值为 53.34%~100%，表明材用云南松苗木高生长量指标在 6 个月生和 12 个月生苗龄间存在一定的正相关关系，材用云南松苗木早期选择结果具有有效性和可行性。选取的材用云南松超级苗，可从生长量方面为其良种壮苗繁育提供优良的基因型和无性扩繁的种质资源材料。

8.4　结论与讨论

本书中 6 个月生和 12 个月生的材用云南松苗木的苗高和地径在家系间和家系内均存在显著差异，说明此两个苗龄的材用云南松苗木生长量具备超级苗选择的基础。刘代亿等（2010）在云南松超级苗选择分析中发现，1 年生、2 年生、3 年生的云南松苗木同龄级个体间的苗高、地径生长量均存在极显著差异。吕学辉等（2012）对 20 个云南松家系 1 年生苗木的生长量进行分析，认为家系之间以及同一家系不同个体之间的苗高、地径生长量皆存在极显著差异。对于云南松来说，无论是采用本书的优良材用种质资源还是前人的普通种质资源所培育的苗木，无论是 6 个月生、1 年生、2 年生还是 3 年生的苗木，其家系间和家系内个体间均存在显著差异，这就为云南松苗期早期优良群体和个体的进一步选择提供了基础和依据。

根据本书前文中对云南松全分布区的 26 个材用云南松居群的 SRAP 分子标记分析，获得的物种水平的遗传多样性（PPL=100%，H=0.1825，I=0.2933）和居群水平的遗传多样性（PPL=66.71%，H=0.1641，I=0.2585）结果，认为材用云南松的遗传多样性在松属中处于中等水平。本书前文中利用表型性状和 SRAP 分子标记，对材用云南松的遗传多样性和遗传结构分析发现，两类数据，两种方法均认为材用云南松居群间和居群内皆表现出多态性，且其变异主要存在于居群内。虞泓（1996；1999）通过对云南省和桂西分布的 15 个云南松天然居群 33 个等位酶位点的研究发现，云南松居群的遗传多样性较高，居群间遗传分化系数最大，居群内的遗传变异为 86.6%，居群间的遗传变异为 13.4%。虞泓、黄瑞复（1998）通过研究滇西南、滇中、滇东南和桂西 6 个云南松天然居群的核型变异，认为云南松染色体结构变异来源于居群间的有 10% 左右，来源居群内个体间或者细胞间的有 90% 左右。因此，综合表型水平、染色体水平、生化水平和 DNA 水平云南松遗传多样性分析结果，认为云南松是具有遗传改良潜力的树种。

刘代亿等（2010）提出在苗圃地立地条件一致，管理措施相同的情况下，苗木的高、径生长量表现优良的个体很可能是优良基因型（生长性状分化是遗传基础差异的表现），通过调查测量苗木总体平均生长量，按照一定比例遴选出那些生长量大、表现特别突出的苗木，即可选出超级苗。因此，在材用云南松苗木群体中进行超级苗选择具有可靠性。不同树种，同一树种不同苗龄以及不同的育苗种质材料，其超级苗选择的具体指标和标准会有差异（王晓丽 等，2018；郁万文 等，2016；孙静 等，2017；王好运 等，2017；宋墩福 等，2016；刘代亿 等，2010；吕学辉 等，2012），所以需针对具体的苗木群体，筛选其超级苗选择的指标和标准。对云南松母树林及其天然林分的调查分析表明，树高生长遗传力大于地径和胸径生长遗传力（周蛟 等，1994；周蛟 等，1996）。郑畹等（1998）认为在立地条件一致的情况下，云南松高生长差异主要来源于遗传品质差异，且高生长的遗传力比地径和胸径大。本书两个苗龄的材用云南松苗木的苗高生长量差异均大于地径生长量差异；不同家系的苗高生长量与地径生长量间既具有一定的相关性和协同性，又存在异速性，且同一家系的生长量（苗高和地径）在不同苗龄期存在异速性。因此，材用云南松超级苗选择应以苗高为主、地径为辅。本书超级苗选择指标与郑仁华等（2003）、刘代亿等（2010）、吕学辉等（2012）和王晓丽等（2018）的研究结果一致。考虑入选率和实际工作中对苗木数量的需求，以及入选苗木的生长指标整体质量情况，材用云南松超级苗选择标准为平均苗高加上 2 倍标准差。依据此超级苗选择指标和标准，从 16 个供试材用云南松家系中，共筛选出 46 株超级苗，苗高生长量增率最高达 62.20%，超级苗选择效果显著。本次材用云南松超级苗选择所用苗木苗龄较短，超级苗选择的有效性和可靠性具有阶段性，今后可建立超级苗试验林或超级苗种质资源保存林，并对比超级苗和普通苗造林后林分生产力的差异，为其生产应用和更高水平的利用提供依据，更深入的研究还有待进一步的持续开展。

材用云南松苗木对干旱胁迫的响应

石漠化是中国西南岩溶地区脆弱岩溶基底基础上形成的一种特有荒漠化生态现象（王世杰，2002）。云南地处中国西南石漠化中心地区，是中国岩溶分布最广的省区之一。岩溶面积达 110875.7km^2，占云南省土地面积的 28.14%；石漠化面积达 34772.76km^2，占云南省土地面积的 8.8%，占云南省岩溶面积的 31.36%，占西南岩溶石山地区石漠化面积的 27%，是西南岩溶石山地区石漠化面积第二大省份（张云 等，2010）。全省 16 个州（市），129 个县（市、区）中，118 个县（市、区）均有岩溶分布，且主要分布在滇东南、滇东的文山、红河、昭通、昆明和曲靖，其次为滇中高原（谷勇 等，2009）。岩溶分布区中又以文山、曲靖、红河、昭通、丽江等地石漠化最为严重。云南岩溶发育，往往导致土壤表层干旱缺水、土壤浅薄贫瘠（缺磷少氮）、岩石裸露、地形破碎、生态环境脆弱，原生植被一旦被破坏后，森林生态很难恢复与重建（王宇 等，2003；赖兴会，2004；张云 等，2010），已成为云南岩溶地区最大的生态环境问题。

云南松是我国西南地区的特有树种，以云南省为分布中心，四川的西南部、西藏的东南部、贵州和广西的西部皆有分布，在我国西南地区形成了大面积的天然林和人工林，是一个生态、经济和社会效益高的树种（金振洲 等，2004）。在云南省，云南松天然林主要分布在滇中、滇东南、滇南和滇西北，该树种在云南省分布面积达 500 万 hm^2，占全省林地面积的 52%（蔡年辉，2006）。同时，云南岩溶地区是云南松天然林分布的主要区域之一，云南松在岩溶生境中具有较强的协同适应性。但是天然林由于之前的人为粗放择伐等活动，人工林由于采种的人为负向选择或造林用种质来源不清楚，导致林分中弯曲、扭曲、低矮等不良个体的比例较大，甚至形成较大面积的地盘松林和扭松纯林，地盘松无材用价值，扭松的劣性材质，致使其材用价值极低（金振 等，2004；许玉兰，2015；邓官育，1980）。同时云南松的种子产量高、传播能力强，具有"飞籽成林"的能力（中国科学院昆明植物研究所，1986；中国科学院中国植物志编辑委员会，1978），因此造成云南松林分衰退问题日渐突出（蔡年辉 等，2016；王磊 等，2018）。

本研究在前文对云南松优良种质资源（材用种质资源）保存的基础上，拟以不同地理种源的材用云南松苗木为试材，采用两因素完全随机区组设计进行干旱胁迫处理，分析岩溶生境的主要因素之一干旱胁迫对不同地理种源材用云南松苗木形态指标和生物量的影响，探讨材用云南松苗木的抗旱调控，筛选出抗旱能力较强的种源，为认识岩溶生境下材用云南松苗木更新和生长的规律提供理论依据，为岩溶生境下材用云南松人工林的营造提供合适的种源材料支撑。

9.1　研究材料

在前文构建材用云南松原种质群体所用的 26 个天然居群中，随机抽取 9 个居群（云南永仁、云南云龙、云南曲靖、云南新平、云南禄丰、云南双柏、四川西昌、贵州册亨、西藏察隅），每个居群选取 30 个样株，每样株采集 10 个球果，带回实验室，采用自然干燥法脱出种子。将每居群 30 个样株的种子等量混合，作为该地理种源种子。2018 年 3 月分地理种源进行播种育苗，育苗容器规格为 20cm×15cm，育苗基质成分为壤土和腐殖土，其比例为 4∶1，基质的田间持水量为 26.56%±2.81%，容重为 1.28±0.12g/cm³。播种前使用 500倍 15% 多菌灵进行基质消毒。净种后，将云南松种子分地理种源用纱布包好并做好标记，进行浸种催芽和消毒处理。将种子用始温 45℃的水浸泡 24h，然后用 0.15% 的福尔马林溶液浸泡 20min，再用蒸馏水冲洗 2~3 次（王晓丽 等，2012），备用。播种时，每个容器内播 3 粒种子。2018 年 4 月间苗，使每个容器内保留 1 株健壮的苗木。2018 年 3 月至 2018 年 5 月，进行正常的苗期水分管理。2018 年 6 月，以 3 个月生的材用云南松地理种源苗木为试材，进行控水试验，探讨不同地理种源的材用云南松苗木对干旱胁迫的响应。

9.2　研究方法

9.2.1　云南松苗木干旱胁迫处理

2018 年 6 月，以 3 个月生的材用云南松地理种源苗木为试材，采用两因素完全随机区组设计进行干旱胁迫处理。两个因素分别为育苗基质含水量和苗木地理种源，育苗基质含水量设两个水平，即正常浇水（对照）（基质含水量维持在田间含水量的 80%）和干旱处理（基质含水量维持在田间含水量的30%）；苗木地理种源有 9 个（云南永仁、云南云龙、云南曲靖、云南新平、云南禄丰、云南双柏、四川西昌、贵州册亨、西藏察隅）（表 9-1）。田间排列通过抽签法实现，3 个重复，每个重复 18 个小区，每个小区为一个处理组合，每个处理组合 5 株苗木。按抽签法所得随机数对区组内的小区进行编号，每个小区的编号数字代表一个相应的处理组合（洪伟 等，2004）。具体的田间排列见表 9-2；处理组合和小区编号信息见表 9-3。采用称质量法并结合 TDR300土壤水分测定仪（Soil moisture equipment，USA）进行育苗基质控水试验，每天监测育苗基质水分变化，并进行补水，育苗基质控水试验从 2018 年 6 月开始至 2018 年 9 月结束，历时 3 个月。

表 9-1　试验的因素水平表

水平	A- 育苗基质含水量	B- 苗木地理种源
1	田间含水量的 80%	云南永仁（YR）
2	田间含水量的 30%	云南云龙（YL）
3		云南曲靖（QJ）
4		云南新平（XP）
5		云南禄丰（LF）
6		云南双柏（SB）
7		四川西昌（XC）
8		贵州册亨（CH）
9		西藏察隅（CY）

表 9-2   试验设计及田间排布

重复	田间排布																	
区组 I	18	14	12	10	11	15	8	1	3	9	16	4	6	13	5	2	17	7
区组 II	17	9	11	13	4	7	15	5	12	10	3	2	6	16	1	14	8	18
区组 III	10	5	17	18	1	2	12	13	3	14	7	9	6	11	4	15	8	16

表 9-3   田间排列小区编号与对应的试验处理组合信息

小区编号	试验处理组合	小区编号	试验处理组合
1	A_1B_1	10	A_2B_1
2	A_1B_2	11	A_2B_2
3	A_1B_3	12	A_2B_3
4	A_1B_4	13	A_2B_4
5	A_1B_5	14	A_2B_5
6	A_1B_6	15	A_2B_6
7	A_1B_7	16	A_2B_7
8	A_1B_8	17	A_2B_8
9	A_1B_9	18	A_2B_9

9.2.2   云南松苗木形态指标和生物量测定

控水试验结束时，对每个试验处理组合的 5 株苗木分别进行苗高、地径形态指标的测定（王晓丽 等，2018）。之后，将每株苗木都严格按照取样标准从其微环境中完整取出，用蒸馏水小心冲洗掉根系上的基质，保持根系完整，用吸水纸吸干根系表面的水分。采用 Microtek 中晶 ScanMakei i800 扫描仪中的根系分析软件获得根长和根表面积。将每株苗木的根、茎、叶分开，置于恒温干燥箱内于 105℃杀青 30min 后，于 80℃下烘干至恒重（周丽 等，2015），用电子天平（精确度 0.0001g）分别称量其干重，得到苗木各器官生物量及总生物量。通过各器官生物量计算地上生物量（茎干重 + 叶干重）、各器官生物量分配比例（各器官生物量 / 植株总生物量）、和根冠比（根生物量 / 地上生物量）（陈代喜 等，2018）。根据根系生物量计算出比根长（根系长 / 根系干重）和比根面积（根系表面积 / 根系干重）（王琰 等，2016）。

9.2.3   云南松苗木抗旱能力综合评价

由于从任一单个指标来评价植物的抗旱性得出的结果往往不一致（陈文荣 等，2012），而隶属函数分析是一种基于多指标测定基础上对多个材料进行综合评价的方法，可以提高鉴定的准确性（丁红 等，2013）。参考康文娟等（2014）对圆齿野鸦椿苗木抗旱性影响研究以及种培芳等（2017）在甘肃旱区 5 个经济林树种的苗期抗旱性综合评价中采用的模糊数学隶属函数法，对各个指标求其隶属值，并累加后求取平均数，综合比较不同地理种源材用云南松苗木的抗旱性。平均数越大，其抗旱性越强。

各指标的具体隶属值计算公式：隶属值 = (X–X_{min}) / (X_{max}–X_{min})。

式中：X 为某地理种源的某一指标测定值，X_{max} 为所有地理种源某一指标测定值的最大值，X_{min} 为所有地理种源某一指标测定值的最小值。若某一指标与干旱胁迫耐性呈反向关系，可通过反隶属函数计算其隶属函数值：隶属值 =[1– (X–X_{min}) / (X_{max}–X_{min})]。

9.2.4　数据分析

通过 EXCEL 2007 进行数据整理，利用 SPSS 17.0 软件分别对控水处理下材用云南松不同地理种源苗木的生长差异进行描述统计分析和方差分析（王晓丽 等，2018），采用独立样本 T 检验分析不同控水处理下，苗木各指标的差异显著性（王晓丽 等，2019a；王晓丽 等，2019b）。

9.3　结果与分析

9.3.1　干旱胁迫对云南松苗木地上部分形态指标的影响

干旱胁迫对材用云南松不同地理种源苗木地径的影响结果（图 9-1）表明，经干旱胁迫处理的 9 个种源中，除云南禄丰外，其余 8 个种源（云南永仁、云南云龙、云南曲靖、云南新平、云南双柏、四川西昌、贵州册亨、西藏察隅）的苗木地径皆小于其对照，且云南曲靖、云南云龙和云南双柏 3 个种源的苗木地径均显著小于其对照。干旱胁迫对材用云南松不同地理种源苗木苗高的影响结果（图 9-2）表明，经干旱胁迫处理的 9 个种源中，云南禄丰、云南曲靖和云南永仁 3 个种源的苗木苗高皆大于其对照，其余 6 个种源（云南云龙、云南新平、云南双柏、四川西昌、贵州册亨、西藏察隅）的苗木苗高均大于其对照，但 9 个种源的苗木苗高与其对照间皆无显著差异。综合干旱胁迫对材用云南松苗木地上部分形态指标的影响结果，认为相对于苗高来说，地径对干旱胁迫更为敏感；9 个种源中，云南曲靖、云南云龙和云南双柏 3 个种源的苗木受干旱影响较大，地径生长被显著抑制；无论是对照处理还是干旱胁迫处理，四川西昌种源的苗木地径均最大，分别为 1.442mm 和 1.346mm。

图 9-1　干旱胁迫对材用云南松苗木地径的影响

▨：干旱处理；□：对照处理；*：干旱处理下苗木测定指标与对照处理下苗木测定指标在 0.05 水平上差异显著；**：干旱处理下苗木测定指标与对照处理下苗木测定指标在 0.01 水平上差异显著

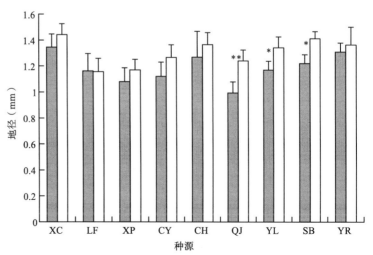

图 9-2　干旱胁迫对材用云南松苗木苗高的影响

  ■：干旱处理；□：对照处理

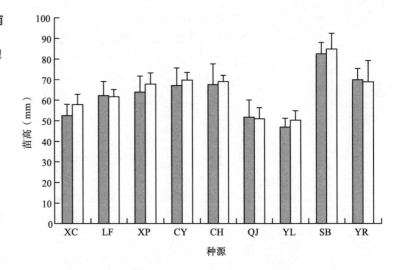

9.3.2　干旱胁迫对云南松苗木生物量及其分配的影响

  干旱胁迫对材用云南松不同地理种源苗木根生物量的影响结果（图 9-3）表明，干旱胁迫处理对云南禄丰、云南永仁、云南曲靖、云南新平、四川西昌、贵州册亨、西藏察隅 7 个种源的苗木根生物量均有抑制作用，且云南新平、贵州册亨和西藏察隅 3 个种源的苗木根生物量均显著小于对照；干旱胁迫处理对云南云龙种源的苗木根生物量有促进作用，但对云南双柏种源的苗木根生物量无影响；干旱胁迫处理下，四川西昌种源的苗木根生物量最大（0.06656g），云南新平种源的苗木根生物量最小（0.04408g）。

图 9-3　干旱胁迫对材用云南松苗木根生物量的影响

  ■：干旱处理；□：对照处理；*：干旱处理下苗木测定指标与对照处理下苗木测定指标在 0.05 水平上差异显著；**：干旱处理下苗木测定指标与对照处理下苗木测定指标在 0.01 水平上差异显著

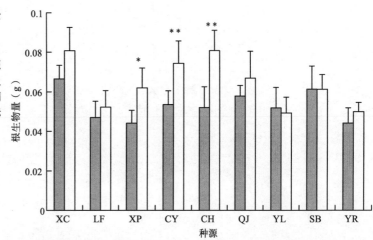

  干旱胁迫对材用云南松不同地理种源苗木茎生物量的影响结果（图 9-4）表明，干旱胁迫处理对云南云龙、云南双柏、云南永仁、云南曲靖、云南新平、四川西昌、贵州册亨、西藏察隅 8 个种源的苗木茎生物量均有抑制作用，且云南新平、云南曲靖、贵州册亨和西藏察隅 4 个种源的苗木茎生物量均显著小于对照；干旱胁迫处理对云南禄丰种源的苗木茎生物量有显著促进作用；干旱胁迫处理下，云南双柏种源的苗木茎生物量最大（0.02830g），云南曲靖种源

图 9-4 干旱胁迫对材用云南松苗木茎生物量的影响

▨：干旱处理；□：对照处理；*：干旱处理下苗木测定指标与对照处理下苗木测定指标在 0.05 水平上差异显著；**：干旱处理下苗木测定指标与对照处理下苗木测定指标在 0.01 水平上差异显著

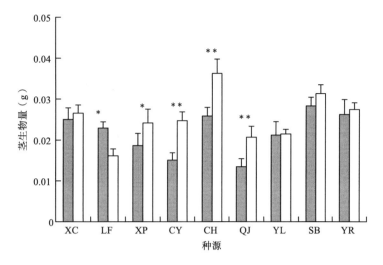

的苗木茎生物量最小（0.01344g）。

干旱胁迫对材用云南松不同地理种源苗木叶生物量的影响结果（图 9-5）表明，干旱胁迫处理对 9 个种源的苗木叶生物量均有抑制作用，且云南新平、云南曲靖和四川西昌 3 个种源的苗木叶生物量显著小于对照；干旱胁迫处理下，云南双柏种源的苗木叶生物量最大（0.15384g），西藏察隅种源的苗木叶生物量最小（0.08802g）。

图 9-5 干旱胁迫对材用云南松苗木叶生物量的影响

▨：干旱处理；□：对照处理；*：干旱处理下苗木测定指标与对照处理下苗木测定指标在 0.05 水平上差异显著；**：干旱处理下苗木测定指标与对照处理下苗木测定指标在 0.01 水平上差异显著

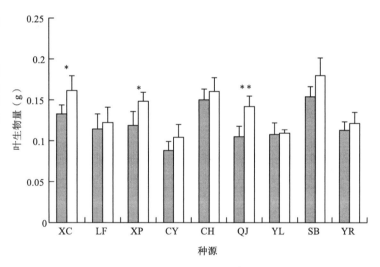

干旱胁迫对材用云南松不同地理种源苗木总生物量的影响结果（图 9-6）表明，干旱胁迫处理对云南云龙、云南禄丰、云南双柏、云南曲靖、云南新平、四川西昌、贵州册亨、西藏察隅 8 个种源的苗木总生物量均有抑制作用，且四川西昌、云南新平、云南曲靖、贵州册亨和西藏察隅 5 个种源的苗木总生物量均显著小于对照；干旱胁迫处理对云南永仁种源的苗木总生物量有促进作用；干旱胁迫处理下，云南双柏种源的苗木总生物量最大（0.24346g），西藏察隅种源的苗木总生物量最小（0.15660g）。

综合干旱胁迫对材用云南松苗木生物量的影响结果，认为干旱胁迫会使绝大多数（7~9 个）种源苗木的根、茎、叶和总生物量受到抑制，但不同种源苗

图9-6　干旱胁迫对材用云南松苗木总生物量的影响

▨：干旱处理；□：对照处理；
*：干旱处理下苗木测定指标与对照处理下苗木测定指标在 0.05 水平上差异显著；**：干旱处理下苗木测定指标与对照处理下苗木测定指标在 0.01 水平上差异显著

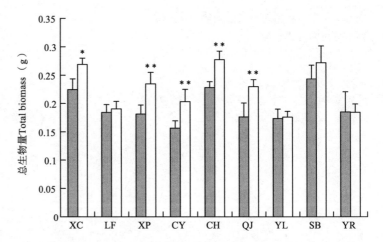

木受到的抑制作用程度不同，四川西昌、云南新平、云南曲靖、贵州册亨和西藏察隅 5 个种源的苗木所受抑制作用更强，生物量下降显著。因此，从苗木生物量角度来看，云南云龙、云南禄丰、云南双柏和云南永仁 4 个种源的苗木对干旱逆境的适应性更好。

干旱胁迫对材用云南松不同地理种源苗木根分配比的影响结果（图9-7）表明，干旱胁迫处理对云南禄丰、云南云龙、云南永仁、云南新平、四川西昌、贵州册亨、西藏察隅 7 个种源的苗木根分配比均有抑制作用，且贵州册亨种源的苗木根分配比显著小于对照；干旱胁迫处理对云南曲靖和云南双柏两个种源的苗木根分配比均有促进作用；干旱胁迫处理下，西藏察隅种源的苗木根分配比最大（33.980%），贵州册亨种源的苗木根分配比最小（21.168%）。

图9-7　干旱胁迫对材用云南松苗木根分配比的影响

▨：干旱处理；□：对照处理；
**：干旱处理下苗木测定指标与对照处理下苗木测定指标在 0.01 水平上差异显著

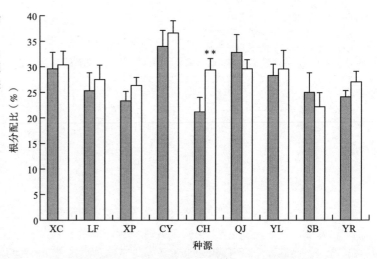

干旱胁迫对材用云南松不同地理种源苗木茎分配比的影响结果（图9-8）表明，干旱胁迫处理对云南云龙、云南新平、贵州册亨、西藏察隅、云南曲靖和云南双柏 6 个种源的苗木茎分配比均有抑制作用，且西藏察隅种源的苗木茎分配比显著小于对照；干旱胁迫处理对云南禄丰、四川西昌和云南永仁 3 个种源的苗木茎分配比均有促进作用，且云南禄丰和云南永仁两个种源的苗木茎分配比显著大于对照；干旱胁迫处理下，云南永仁种源的苗木茎分配比最大

图 9-8 干旱胁迫对材用云南松苗木茎分配比的影响

▨：干旱处理；□：对照处理；*：干旱处理下苗木测定指标与对照处理下苗木测定指标在 0.05 水平上差异显著；**：干旱处理下苗木测定指标与对照处理下苗木测定指标在 0.01 水平上差异显著

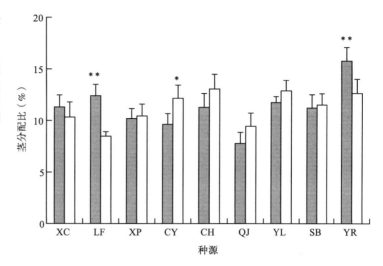

（15.781%），云南曲靖种源的苗木茎分配比最小（7.782%）。

干旱胁迫对材用云南松不同地理种源苗木叶分配比的影响结果（图 9-9）表明，干旱胁迫处理对云南禄丰、四川西昌、云南永仁、云南曲靖和云南双柏五个种源的苗木叶分配比均有抑制作用，但抑制作用均不显著；干旱胁迫处理对云南云龙、云南新平、贵州册亨和西藏察隅 4 个种源的苗木叶分配比均有促进作用，且贵州册亨种源的苗木叶分配比显著大于对照；干旱胁迫处理下，贵州册亨种源的苗木叶分配比最大（67.552%），西藏察隅种源的苗木叶分配比最小（56.393%）。

图 9-9 干旱胁迫对材用云南松苗木叶分配比的影响

▨：干旱处理；□：对照处理；*：干旱处理下苗木测定指标与对照处理下苗木测定指标在 0.05 水平上差异显著

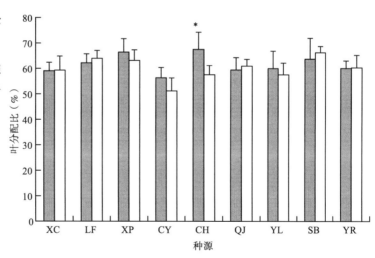

干旱胁迫对材用云南松不同地理种源苗木根冠比的影响结果（图 9-10）表明，干旱胁迫处理对云南云龙、云南新平、贵州册亨、西藏察隅、云南禄丰、四川西昌和云南永仁 7 个种源的苗木根冠比均有抑制作用，且贵州册亨种源的苗木根冠比显著小于对照；干旱胁迫处理对云南曲靖和云南双柏两个种源的苗木根冠比均有促进作用，但促进效应均不显著；干旱胁迫处理下，西藏察隅种源的苗木根冠比最大（0.518%），贵州册亨种源的苗木根冠比最小（0.276%）。

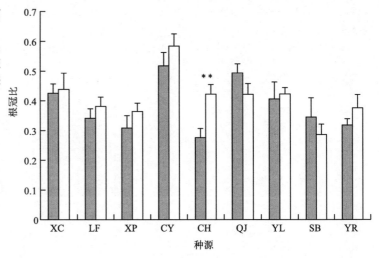

图 9-10　干旱胁迫对材用云南松苗木根冠比的影响

■：干旱处理；□：对照处理；
**：干旱处理下苗木测定指标与对照处理下苗木测定指标在 0.01 水平上差异显著

综合干旱胁迫对材用云南松苗木生物量分配的影响结果，发现干旱胁迫处理可显著促进贵州册亨种源苗木的叶分配比，同时显著抑制该种源苗木的根分配比和根冠比，即在干旱逆境下，该种源苗木向着减少根生长且增加叶生长的方向发展，这对于苗木的抗旱性是不利的。因此从苗木生物量分配角度来看，9 个种源中，贵州册亨种源苗木对干旱逆境的适应性最差。

9.3.3　干旱胁迫对云南松苗木根系形态的影响

干旱胁迫对材用云南松不同地理种源苗木根系形态的影响结果表明，干旱处理对 9 个种源苗木的根长（图 9-11）、根表面积（图 9-12）、比根长（图 9-13）和比根面积（图 9-14）均有促进作用，即干旱胁迫有利于各种源苗木根系的生长。但干旱处理对各种源苗木根系各形态指标的促进作用程度各异。

干旱胁迫对材用云南松不同地理种源苗木根长的影响结果（图 9-11）表明，干旱胁迫处理对四川西昌、西藏察隅、云南曲靖、云南云龙和云南双柏 5 个种源的苗木根长均有显著促进作用，苗木根长均显著大于其对照；干旱胁迫处理下，云南曲靖种源的苗木根长最大（250.5514cm），云南永仁种源的苗木根长最小（107.0380cm）。

图 9-11　干旱胁迫对材用云南松苗木根长的影响

■：干旱处理；□：对照处理；
*：干旱处理下苗木测定指标与对照处理下苗木测定指标在 0.05 水平上差异显著；**：干旱处理下苗木测定指标与对照处理下苗木测定指标在 0.01 水平上差异显著

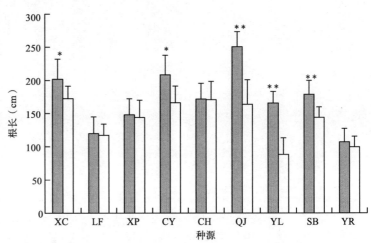

干旱胁迫对材用云南松不同地理种源苗木根表面积的影响结果（图 9-12）表明，干旱胁迫处理对供试 9 个种源的苗木根表面积均有显著促进作用，苗木根表面积均显著大于其对照；干旱胁迫处理下，云南曲靖种源的苗木根表面积最大（24.5968 cm²），云南永仁种源的苗木根表面积最小（6.7118 cm²）。

图 9-12　干旱胁迫对材用云南松苗木根表面积的影响

▨：干旱处理；□：对照处理；*：干旱处理下苗木测定指标与对照处理下苗木测定指标在 0.05 水平上差异显著；**：干旱处理下苗木测定指标与对照处理下苗木测定指标在 0.01 水平上差异显著

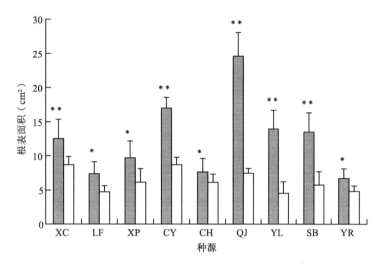

干旱胁迫对材用云南松不同地理种源苗木比根长的影响结果（图 9-13）表明，干旱胁迫处理对四川西昌、西藏察隅、云南曲靖、云南云龙和云南双柏 5 个种源的苗木比根长均有显著促进作用，苗木比根长均显著大于其对照；干旱胁迫处理下，云南曲靖种源的苗木比根长最大（44.75957m/g），云南永仁种源的苗木比根长最小（24.47358m/g）。

图 9-13　干旱胁迫对材用云南松苗木比根长的影响

▨：干旱处理；□：对照处理；*：干旱处理下苗木测定指标与对照处理下苗木测定指标在 0.05 水平上差异显著；**：干旱处理下苗木测定指标与对照处理下苗木测定指标在 0.01 水平上差异显著

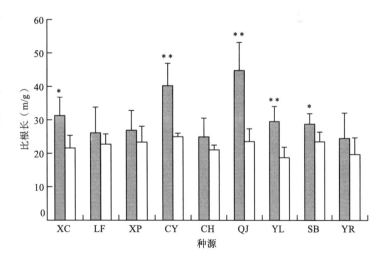

干旱胁迫对材用云南松不同地理种源苗木比根面积的影响结果（图 9-14）表明，干旱胁迫处理对供试 9 个种源的苗木比根面积均有显著促进作用，苗木比根面积均显著大于其对照；干旱胁迫处理下，云南曲靖种源的苗木比根面积最大（444.9879cm²/g），贵州册亨种源的苗木比根面积最小（119.6628cm²/g），云南永仁种源的苗木比根面积（153.0919cm²/g）仅大于贵州册亨种源。

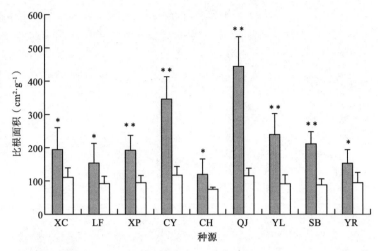

图 9-14　干旱胁迫对材用云南松苗木比根面积的影响

▨：干旱处理；□：对照处理；*：干旱处理下苗木测定指标与对照处理下苗木测定指标在 0.05 水平上差异显著；**：干旱处理下苗木测定指标与对照处理下苗木测定指标在 0.01 水平上差异显著

综合干旱胁迫对材用云南松苗木根系形态指标的影响结果，认为干旱胁迫有利于各种源苗木根系的生长；干旱处理下，9 个种源中，云南曲靖种源苗木根系最发达，云南永仁和贵州册亨两个种源苗木根系相对更弱。因此从苗木根系形态角度来看，9 个种源中，云南曲靖种源苗木对干旱逆境的适应性最强。

9.3.4　不同地理种源云南松苗木抗旱能力综合评价

以材用云南松苗木地径、苗高、根长、根表面积、比根长、比根面积、根生物量、根分配比、总生物量、根冠比 10 个指标数据为基础，采用平均隶属函数值法，对 9 个地理种源材用云南松苗木的抗旱性进行初步评价，排序结果（表 9-4）表明，西藏察隅、云南曲靖和四川西昌 3 个种源的隶属函数均值较高，分别为 0.437、0.403 和 0.393，认为此 3 个种源苗木的抗旱性较强；云南双柏、贵州册亨、云南云龙和云南新平 4 个种源的隶属函数均值居中，分别为 0.359、0.341、0.304 和 0.301，认为此 4 个种源苗木的抗旱性中等；云南永仁和云南禄丰两个种源的隶属函数均值较低，分别为 0.293 和 0.285，认为此两个种源苗木的抗旱性较弱。

表 9-4　不同地理种源材用云南松苗木抗旱能力综合评价

种源	地径	苗高	根长	根表面积	比根长	比根面积	根生物量	根分配比	总生物量	根冠比	隶属函数均值	排序
XC	0.589	0.201	0.345	0.257	0.306	0.156	0.554	0.582	0.454	0.489	0.393	3
LF	0.367	0.292	0.21	0.137	0.281	0.108	0.342	0.455	0.293	0.364	0.285	9
XP	0.335	0.378	0.244	0.186	0.289	0.141	0.373	0.4	0.349	0.32	0.301	7
CY	0.399	0.41	0.365	0.317	0.384	0.284	0.469	0.769	0.273	0.7	0.437	1
CH	0.516	0.409	0.275	0.159	0.262	0.067	0.49	0.415	0.471	0.342	0.341	5
QJ	0.327	0.198	0.385	0.401	0.404	0.362	0.455	0.624	0.336	0.535	0.403	2
YL	0.364	0.163	0.227	0.221	0.277	0.177	0.351	0.544	0.255	0.458	0.304	6
SB	0.515	0.526	0.294	0.231	0.302	0.152	0.445	0.356	0.485	0.283	0.359	4
YR	0.488	0.404	0.18	0.129	0.251	0.11	0.319	0.426	0.286	0.338	0.293	8

9.4　结 论 与 讨 论

　　材用云南松的地径，相对于苗高来说，对干旱胁迫更为敏感。9个种源中，云南曲靖、云南云龙和云南双柏3个种源苗木的地径生长被干旱胁迫显著抑制；干旱胁迫使不同种源苗木的根、茎、叶和总生物量受到抑制，云南新平、贵州册亨和西藏察隅3个种源的苗木根生物量均显著小于对照，但云南云龙、云南禄丰、云南双柏和云南永仁4个种源的苗木生物量受干旱胁迫的抑制作用不显著；干旱胁迫处理对云南曲靖和云南双柏两个种源的苗木根冠比均有促进作用，干旱胁迫处理可显著促进贵州册亨种源苗木的叶分配比，同时显著抑制该种源苗木的根分配比和根冠比，贵州册亨种源苗木对干旱逆境的适应性差；干旱胁迫有利于各种源苗木根系形态指标的生长，干旱处理下，9个种源中，云南曲靖种源苗木根系形态指标最发达，对干旱逆境的适应性强；采用平均隶属函数值法，对9个地理种源材用云南松苗木的抗旱性进行初步评价、排序，认为西藏察隅、云南曲靖和四川西昌3个种源的隶属函数均值较高，认为此3个种源苗木的抗旱性较强。

　　本研究中，经干旱胁迫处理，材用云南松各种源苗木的地上部分形态指标和苗木生物量均受到不同程度的抑制，该研究结果与闫海霞等（2011）对条墩桑的干旱胁迫响应研究中提出的——轻度和重度干旱胁迫使条墩桑地上部的生物量和总生物量出现不同程度下降的研究结果一致。本研究中，干旱胁迫处理对云南曲靖和云南双柏两个种源的苗木根冠比均有促进作用，该研究结果与条墩桑、酸枣、油松和刺槐等树种受到干旱胁迫后根冠比增大的研究结果一致（闫海霞 等，2011；Xu *et al.*，2010；Ma *et al.*，2009；Zhou *et al.*，2010）。

　　陈文荣等（2012）提出从任一单个指标来评价植物的抗旱性得出的结果往往不一致。此观点在书中也得到了体现，如云南曲靖、云南云龙和云南双柏三个种源苗木的地径生长被干旱胁迫显著抑制，但云南云龙和云南双柏两个种源的苗木茎生物量受干旱胁迫的抑制作用又不显著。因此，一定程度上，给通过单个指标分别评价、进而汇总各评价结果，从而得出结论的工作思路，带来了很多困扰。有鉴于此，本研究根据丁红等（2013）采用的基于多指标测定基础上对多个材料进行综合评价的方法——隶属函数分析法，以材用云南松苗木地径、苗高、根长、根表面积、比根长、比根面积、根生物量、根分配比、总生物量、根冠比10个指标数据为基础，对9个地理种源材用云南松苗木的抗旱性进行评价和排序，从而提高了苗木抗旱性鉴定的准确性和可靠性，并筛选出西藏察隅、云南曲靖和四川西昌3个种源作为材用云南松抗逆性较强的种质资源材料。

参 考 文 献

白卉，2010.山杨遗传多样性研究与核心种质构建及利用 [D].哈尔滨：东北林业大学.

白瑞霞，2008.枣种质资源遗传多样性的分子评价及其核心种质的构建 [D].保定：河北农业大学，15-40.

蔡年辉，李根前，2006.云南松天然林区植物群落结构的空间动态研究 [J].西北植物学报，26（10）：2119-2124.

蔡年辉，许玉兰，李根前，等，2016.云南松茎干弯曲、扭曲特性的研究现状及展望 [J].林业调查规划，41（6）：19-23.

曾宪君，李丹，胡彦鹏，等，2014.欧洲黑杨优质核心种质库的初步构建 [J].林业科学，50（9）：51-58.

曾宪君，2014.欧洲黑杨（Populus nigra L.）优质核心种质库构建研究 [D].北京：中国林业科学研究院.

陈代喜，程琳，陈琴，等，2018.杉木不同育苗方式苗木生长差异分析 [J].广西林业科学，02：121-125.

陈坤荣，文方德，马芳莲，等.云南松思茅松地盘松种子同工酶谱研究 [J].西南林学院学报，14（2）：96-102.

陈丽君，刘明骞，廖柏勇，等，2016.苦楝 SRAP 分子标记及遗传多样性分析 [J].华南农业大学学报，37（1）：70-74.

陈倩倩，荣丽媛，邵紫君，等，2018.利用 SRAP 和 EST-SSR 分析香椿资源的遗传多样性 [J].园艺学报，45（5）：967-976.

陈文荣，曾玮玮，李云霞，等，2012.高丛蓝莓对干旱胁迫的生理响应及其抗旱性综合评价 [J].园艺学报，39（4）：637-646.

陈兴彬，2012.沿海防护林黑松的 SRAP 遗传多样性研究 [D].济南：山东农业大学.

陈雅琼，王卫峰，丁安明，等，2013.基于 SSR 荧光标记分析我国主要审（认）定烤烟及白肋烟品种遗传多样性 [J].中国烟草学报，19（2）：98-105.

陈艳秋，邱丽娟，常汝镇，等，2002.中国秋大豆预选核心种质遗传多样性的 RAPD 分析 [J].中国油料作物学报，24（3）：21-24.

陈芸，王继莲，丁晓丽，等，2016.新疆石榴种质资源遗传多样性的 SRAP 分析 [J].西北植物学报，36（5）：0916-0922.

崔艳华，邱丽娟，常汝镇，等，2004.黄淮夏大豆（G.max）初选核心种质代表性检测 [J].作物学报，30（3）：284-288.

戴剑，张云辉，2013.SSR 扩增产物检测方法比较及其实验操作注意事项 [J].种子，32（9）：120-123.

邓官育，1980.浅谈扭曲云南松的更新方向 [J].云南林业调查规划，29-31.

丁红，张智猛，戴良香，等，2013.干旱胁迫对花生根系生长发育和生理特性的影响 [J].应用生态学报，24（6）：1586-1592.

方乐成，夏慧敏，麻文俊，等，2017. 基于 SSR 标记的楸树遗传多样性及核心种质构建 [J]. 东北林业大学学报，45（8）：1–5.

高书燕，董文轩，梁敏，2011. 辽宁省山楂资源微核心种质的构建方法和评价 [J]. 中国果树，（5）：14–20.

葛颂，王明麻，陈岳武，1998. 用同工酶研究马尾松群体的遗传结构 [J]. 林业科学，24（11）：399–409.

谷勇，陈芳，李昆，等，2009. 云南岩溶地区石漠化生态治理与植被恢复 [J]. 科技导报，27（5）：75–80.

顾万春，王棋，游应天，等，1998. 森林遗传资源学概论 [M]. 北京：中国科学技术出版社，1–257.

顾万春，2004. 统计遗传学 [M]. 北京：科学出版社.

顾万春，1999. 中国林木遗传（种质）资源保存与研究现状 [J]. 世界林业研究，12（2）：50–57.

郭起荣，2006. 中国森林植物种质资源保育 [D]. 北京：中国林业科学研究院.

国家技术监督局，1988. 中国林木种子区 云南松种子区 [S]. 北京：中国标准出版社.

韩立德，徐海明，胡晋，2006. 核心种质数量性状代表性评价指标的研究 [J]. 生物数学学报，21（4）：603–609.

韩欣，张党权，王志平，等，2012. 基于 SRAP 的赣南油茶良种分子鉴别研究 [J]. 中南林业科技大学学报，32（3）：147–151.

洪伟，吴承祯，2004. 试验设计与分析——原理·操作·案例 [M]. 北京：中国林业出版社.

胡晋，徐海明，朱军，2000. 基因型值多次聚类法构建作物种质资源核心库 [J]. 生物数学学报，15（1）：103–109.

黄瑞复，1993. 云南松的种群遗传与进化 [J]. 云南大学学报（自然科学版），15（1）：50–63.

黄锡山，1998. 湿地松超级苗造林对比试验 [J]. 湖南林业科技，25（4）：19–20.

黄勇，2013. 基于 SRAP 分子标记的小果油茶遗传多样性分析 [J]. 林业科学，49（3）：43–50.

姬志峰，高亚卉，李乐，等，2012. 山西霍山五角枫不同海拔种群的表型多样性研究 [J]. 园艺学报，39（11）：2217–2228.

贾子瑞，张守攻，王军辉，2011. 林芝云杉天然群体针叶与种实的变异及其地理趋势 [J]. 林业科学研究，04，428–436.

姜慧芳，任小平，廖伯寿，等，2007. 中国花生核心种质的建立 [J]. 武汉植物学研究，25（3）：289–293.

姜媛秀，2010. 黑龙江地区天然红松种群遗传多样性的 ISSR 分析 [D]. 大连：辽宁师范大学.

金振洲，彭鉴，2004. 云南松 [M]. 昆明：云南科技出版社，1–66.

康文娟，马晓蒙，涂淑萍，等，2014.喷施多效唑对圆齿圆齿野鸦椿苗木抗旱性的影响 [J]. 江西农业大学学报，06：1310-1315.

赖兴会，2004.云南石漠化的生态特征及其危机表现 [J]. 林业调查规划，02：80-82.

兰彦平，周连第，周家华，等，2007.中国板栗北方种群表型变异频率研究 [J]. 华北农学报，22（05）：106-109.

李斌，顾万春，卢宝明，2002.白皮松天然群体种实性状表型多样性研究 [J]. 生物多样性，10（2）：181-188.

李昌荣，吴兵，陈东林，等，2014.尾巨桉杂种无性系多性状综合评价 [J]. 西部林业科学，43（4）：37-43.

李淡青，刘金凤，张必福，等，2001.蓝桉—直干桉主要材性和生长性状的遗传参数和遗传增益测算 [J]. 云南林业科技，2：1-6.

李洪果，杜庆鑫，王淋，等，2017.利用表型数据构建杜仲雌株核心种质 [J]. 分子植物育种，15（12）：5197-5209.

李明，王树香，高宝嘉，2013.不同群落类型油松居群的遗传多样性 [J]. 应用与环境生物学报，19（3）：421-425.

李培，阚青敏，欧阳昆唏，等，2016.不同种源红椿 SRAP 标记的遗传多样性分析 [J]. 林业科学，52（1）：62-70.

李启任，魏蓉城，武全安，1984a.昆明地区松科植物的过氧化物酶同工酶 [J]. 云南大学学报（自然科学版），6（1）：128-138.

李启任，魏蓉城，1984b.云南松不同类型及近缘种的过氧化物酶同工酶 [J]. 云南大学学报（自然科学版），6（1）：114-127.

李帅锋，苏建荣，刘万德，等，2013.思茅松天然群体种实表型变 [J]. 植物生态学报，37（11）：998-1009.

李伟，林富荣，郑勇奇，等，2013.皂荚南方天然群体种实表型多样性 [J]. 植物生态学报，37（1）：61-69.

李秀兰，贾继文，王军辉，等，2013.灰楸形态多样性分析及核心种质初步构建 [J]. 植物遗传资源学报，14（2）：243-248.

李永杰，莫饶，唐燕琼，等，2012.中国龙血属 SRAP 遗传多样性分析 [J]. 热带作物学报，33（4）：617-621.

李自超，张洪亮，曾亚文，等，2000.云南地方稻种核心种质取样方案研究 [J]. 中国农业科学，33（5）：1-7.

李自超，张洪亮，孙传清，等，1999.植物遗传资源核心种质研究现状与展望 [J]. 中国农业大学学报，4（5）：51-62.

廖柏勇，王芳，陈丽君，等，2016.基于 SRAP 分子标记的苦楝种质资源遗传多样性分析 [J]. 林业科学，52（4）：48-58.

林玲，王军辉，罗建，等，2014.砂生槐天然群体种实性状的表型多样性 [J]. 林业科学，50（4）：137-143.

刘爱萍，2007.中国 12 个省（区）马尾松主要种质资源的 RAPD 与 ISSR 分析 [D]. 福州：福建农林大学.

刘纯鑫，谭碧霞，1998. 火炬松超级苗造林试验初报 [J]. 广东林业科技，14（1）：10-14.

刘代亿，李根前，李莲芳，等，2010. 云南松超级苗选择初探 [J]. 福建林业科技，37（3）：102-103.

刘德浩，张方秋，张卫华，2013. 基于地理种源分组和表型数据构建尾叶桉核心种质 [J]. 西南林业大学学报，33（5）：1-8.

刘娟，廖康，曹倩，等，2015. 利用表型性状构建新疆野杏种质资源核心种质 [J]. 果树学报，32（5）：787-796.

刘宁宁，2007. 植物资源核心种质构建与评价新方法的研究 [D]. 杭州：浙江大学.

刘思汝，2016. 柠檬桉表型和 SSR 标记的遗传多样性研究 [D]. 北京：中国林业科学研究院.

刘占林，杨雪，2007.5 种松树的遗传多样性和遗传分化研究 [J]. 西北植物学报，27（12）：2385-2392.

刘遵春，刘大亮，崔美，等，2012. 整合农艺性状和分子标记数据构建新疆野苹果核心种质 [J]. 园艺学报，39（6）：1045-1054.

陆钊华，徐建民，李光友，等，2010.93 个尾叶桉无性系多性状综合选择研究 [J]. 桉树科技，27（1）：1-8.

路颖，2005. 亚麻种质资源聚类分析及核心品种抽取方法 [J]. 中国麻业，27（2）：66-69.

罗世杏，唐玉娟，黄国弟，等，2018. 利用 SRAP 分子标记分析杧果种质遗传多样性 [J]. 热带作物学报，39（12）：2369-2376.

吕学辉，魏巍，陈诗，等，2012. 云南松优良家系超级苗选择研究 [J]. 云南大学学报（自然科学版），34（1）：113-119.

马常耕，1996. 世界加速林木育种轮回研究的现状 [J]. 世界林业研究，（6）：15-23.

马祥庆，范繁荣，黄长辉，等，1993. 提高杉木超级苗造林成活率的初步研究 [J]. 福建林业科技，20（2）：74-76

孟宪宇，2006. 测树学：第 3 版 [M]. 北京：中国林业出版社.

倪茂磊，2011. 美洲黑杨遗传多样性分析与核心种质库构建 [D]. 南京：南京林业大学.

漆艳香，张欣，彭军，等，2017. 香蕉种质资源的 SRAP 遗传多样性分析 [J]. 分子植物育种，15（10）：4220-4227.

沈进，朱立武，张水明，等，2008. 中国石榴核心种质的初步构建 [J]. 中国农学通报，24（5）：265-271.

宋丛文，2005. 珙桐天然群体的遗传多样性分析及其保存样本策略研究 [D]. 武汉：华中农业大学.

宋墩福，邱全生，翟学昌，等，2016. 木荷超级苗选择与丰产栽培技术研究 [J]. 南方林业科学，44（1）：24-26.

孙传清，李自超，王象坤，2001. 普通野生稻和亚洲栽培稻核心种质遗传

多样性的检测研究 [J]. 作物学报，27（3）：313–318.

孙静，杨志刚，贾晨，等，2017. 通江县鹅掌楸超级苗选育初步研究 [J]. 四川林业科技，38（3）：69–71.

孙荣喜，宗亦臣，郑勇奇，2014. 国槐 SRAP–PCR 反应体系优化及引物筛选 [J]. 广西林业科学，43（4）：343–350.

田郎，方家林，黄华孙，2003. 作物种质资源核心种质研究及其应用 [J]. 江西农业大学学报，25：1–5.

王昌命，王锦，姜汉侨，等，2009a. 不同生境下云南松及其近缘种林木茎干的形态结构特征 [J]. 西部林业科学，38（1）：23–28.

王昌命，王锦，姜汉侨，等，2009b. 不同生境中云南松及其近缘种芽的比较形态解剖学研究 [J]. 广西植物，29（4）：433–437.

王昌命，王锦，姜汉侨，2004. 云南松针叶比较形态学研究 [J]. 西南林学院学报，24（1）：1–5.

王昌命，王锦，姜汉侨，2003. 云南松针叶的比较解剖学研究 [J]. 西南林学院学报，23（4）：4–7.

王好运，丁贵杰，谢维斌，等，2017. 马尾松超级苗生长特性及光合色素含量研究 [J]. 西南林业大学学报（自然科学版），37（5）：42–47.

王建成，胡晋，张彩芳，等，2007. 建立在基因型值和分子标记信息上的水稻核心种质评价参数 [J]. 中国水稻科学，21（1）：51–58.

王建成，2006. 构建植物遗传资源核心种质新方法的研究 [D]. 杭州：浙江大学.

王磊，张劲峰，马建忠，等，2018. 云南松及其林分退化现状与生态系统功能研究进展 [J]. 西部林业科学，47（6）：121–130.

王世杰，2002. 喀斯特石漠化概念演绎及其科学内涵的探讨 [J]. 中国岩溶，02：31–35.

王晓丽，曹子林，朱霞，2012. 旱冬瓜水提液对云南松种子萌发化感效应的生理机理研究 [J]. 安徽农业科学，40（5）：2739–2741.

王晓丽，高成杰，李昆，2019. 基于 SRAP 分子标记的材用云南松种质保存库构建策略 [J]. 植物科学学报，37（2）：211–220.

王晓丽，高成杰，李昆，2019. 云南松材用种质保存库构建策略及检验 [J]. 植物资源与环境学报，28（1）：105–114.

王晓丽，杨再国，曹梦涵，等，2018. 蓝桉及直干桉超级苗初步选择研究 [J]. 西南林业大学学报，38（4）：89–93.

王琰，刘勇，李国雷，等，2016. 容器类型及规格对油松容器苗底部渗灌耗水规律及苗木生长的影响 [J]. 林业科学，06：10–17.

王宇，张贵，2003. 滇东岩溶石山地区石漠化特征及成因 [J]. 地球科学进展，06：933–938.

魏博，2014. 思茅松遗传多样性的 SRAP 分析 [D]. 昆明：西南林业大学.

魏志刚，高玉池，刘关君，等，2009. 白桦核心种质构建的聚类方法研究 [J]. 植物遗传资源学报，10（3）：405–410.

魏志刚，高玉池，杨传平，等，2009. 白桦核心种质构建的抽样方法 [J]. 东北林业大学学报，37（7）：1-4.

向晖，袁德义，范晓明，等，2016. 锥栗种质资源遗传多样性的 SRAP 分析 [J]. 植物遗传资源学报，17（6）：1072-1081.

向青，2012. 川渝地区油桐种质资源评价和核心种质的初步构建 [D]. 成都：四川农业大学 .

徐海明，胡晋，邱英雄，2005. 利用分子标记和数量性状基因型值构建作物核心种质库的研究 [J]. 生物数学学报，20（3）：351-355.

徐海明，邱英雄，胡晋，等，2004. 不同遗传距离聚类和抽样方法构建作物核心种质的比较 [J]. 作物学报，30（9）：932-936.

徐海明，2005. 种质资源核心库构建方法的研究及其应用 [D]. 杭州：浙江大学 .

徐进，陈天华，1999. 油松及云南松染色体的荧光带型 [J]. 南京林业大学学报，23（1）：49-52.

徐宁，程须珍，王素华，等，2008. 以地理来源分组和利用表型数据构建中国小豆核心种质 [J]. 作物学报，34（8）：1366-1373.

许玉兰，蔡年辉，白青松，等，2017. 基于微卫星分子标记的云南松及其近缘种遗传关系分析 [J]. 西南林业大学学报，37（1）：1-9.

许玉兰，2015. 云南松天然群体遗传变异研究 [D]. 北京：北京林业大学 .

闫海霞，方路斌，黄大庄，2011. 干旱胁迫对条墩桑生物量分配和光合特性的影响 [J]. 应用生态学报，12（22）：3365-3370.

杨汉波，张蕊，王帮顺，等，2017. 基于 SSR 标记的木荷核心种质构建 [J]. 林业科学，53（6）：37-46.

杨培奎，庄东红，马瑞君，2012. 粤东橄榄资源核心种质取样方案的研究 [J]. 热带亚热带植物学报，20（3）：277-284.

杨章旗，冯源恒，吴东山，2014. 细叶云南松天然种源林遗传多样性的 SSR 分析 [J]. 广西植物，34（1）：10-14.

姚淑均，2013. 滇楸优树及其子代苗期性状遗传变异研究 [D]. 北京：中国林业科学研究院 .

尹擎，罗方书，皮文林，等，1995. 云南松地理种源的研究 [J]. 广西植物，15（1）：52-56.

虞泓，黄瑞复，1998. 云南松居群核型变异及其分化研究 [J]. 植物分类学报，36（3）：222-231.

虞泓，钱韦，黄瑞复，1999. 云南松居群遗传学的等位酶分析方法 [J]. 云南植物研究，21（1）：68-80.

虞泓，杨彩云，徐正尧，1999. 云南松居群花粉形态多样性 [J]. 云南大学学报（自然科学版），21（2）：86-89.

虞泓，郑树松，黄瑞复，1998. 云南松居群内雄球花多态性 [J]. 生物多样性，6（4）：267-271.

虞泓，1996. 云南松遗传多样性与进化研究 [D]. 昆明：云南大学 .

宇万太，于永强，2001. 植物地下生物量研究进展 [J]. 应用生态学报，12（6）：927-932.

玉苏甫·阿不力提甫，阿依古丽·铁木儿，罗淑萍，等，2013. 用 SRAP 分子标记分析新疆梨栽培品种遗传多样性 [J]. 新疆农业大学学报，36（5）：377-382.

玉苏甫·阿不力提甫，2014. 新疆的梨种质资源评价及核心种质库构建 [D]. 乌鲁木齐：新疆农业大学 .

郁万文，蔡金峰，苏明洲，2016. 银杏超级苗选择基础和方法探讨 [J]. 福建林业科技，43（2）：212-216.

袁海涛，2012. 新疆野核桃种质资源基础数据库的建立与核心种质构建方法研究 [D]. 乌鲁木齐：新疆农业大学 .

云南省林业厅，1996. 云南主要林木种质资源 [M]. 昆明：云南科技出版社，1-34.

张丹，2010. 华南野生蓖麻遗传多样性分析与核心种质构建 [D]. 湛江：广东海洋大学 .

张浩 . 基于 DNA 序列的巴山松及其近缘种系统发育关系研究 [D]. 西安：西北大学，2008.

张洪亮，李自超，曹永生，等，2003. 表型水平上检验水稻核心种质的参数比较 [J]. 作物学报，29（2）：252-57.

张捷，李勤霞，张萍，等，2016. 基于 SRAP 分子标记新疆野核桃的遗传多样性分析 [J]. 植物遗传资源学报，17（2）：239-245.

张靖国，胡红菊，田瑞，等，2011. 中国砂梨初级核心种质的构建 [J]. 湖北农业科学，50（8）：1590-1592.

张仁和，薛吉全，浦军，等，2011. 干旱胁迫对玉米苗期植株生长和光合特性的影响 [J]. 作物学报，37（3）：521-528.

张巍，王清君，郭兴，2017. 红松不同种源的遗传多样性分析 [J]. 森林工程，33（2）：17-21.

张维瑞，袁王俊，尚富德，2012. 基于 AFLP 分子标记的桂花品种核心种质的构建 [J]. 西北植物学报，32（7）：1349-1354.

张小红，张依杰，林航，等，2017. 基于 SRAP 技术的甜橄榄种质资源遗传多样性分析 [J]. 中国南方果树，46（6）：53-56.

张秀荣，郭庆元，赵应忠，等，1998. 中国芝麻资源核心收集品研究 [J]. 中国农业科学，31（3）：49-55.

张勇杰，朱鸿菊，任莹，等，2013. 基于 SRAP 分子标记的三桠乌药遗传多样性分析 [J]. 林业科技开发，27（6）：17-20.

张云，周跃华，常恩福，2010. 云南省石漠化问题初探 [J]. 林业经济，5：72-74.

赵冰，张启翔，2007. 中国蜡梅种质资源核心种质的初步构建 [J]. 北京林业大学学报，（S1）：16-21.

赵冰，2008. 腊梅种质资源遗传多样性与核心种质构建的研究 [D]. 北京：

北京林业大学 .

赵枢纽，2015. 辣椒核心种质的构建与评价 [D]. 三亚：海南大学 .

郑仁华，杨宗武，施季森，等，2003. 福建柏优树子代苗期性状遗传变异和生长节律研究 [J]. 林业科学，39（1）：79-183.

郑畹，舒筱武，1998. 云南松优良种源生长量早期选择的研究 [J]. 云南林业科技，27（3）：12-17.

郑昕，孟超，姬志峰，等，2013. 脱皮榆山西天然居群叶性状表型多样性研究 [J]. 园艺学报，40（10）：1951-1960.

中国科学院昆明植物研究所，1986. 种子植物 [M]// 云南植物志：第 4 卷，北京：科学出版社，54-57.

中国科学院中国植物志编辑委员会，1978. 裸子植物门 [M]// 中国植物志：第 7 卷，北京：科学出版社，122-282.

种培芳，单立山，苏世平，等，2017. 甘肃旱区 5 个经济林树种的苗期抗旱性综合评价 [J]. 干旱地区农业研究，01：198-204，247.

周惠娟，赵鹏，刘占林，2013. 濒危植物白皮松遗传多样性及遗传结构研究 [C]// 生态文明建设中的植物学：现在与未来——中国植物学会第十五届会员代表大会暨八十周年学术年会，中国江西南昌 .

周蛟，张兆国，王绍军，等，1996. 云南松母树林早期遗传增益研究 [J]. 云南林业科技，1（74）：36-44.

周蛟，张兆国，伍聚奎，1994. 云南松天然优良林分早期遗传增益研究 [J]. 西南林学院学报，14（4）：215-221.

周丽，徐杨，邓丽丽，等，2015. 云南松不同群体苗木生物量与生长分析 [J]. 林业科技开发，06：148-153.

周鹏，林玮，朱芹，等，2016. 基于 SRAP 分子标记的刨花润楠遗传多样性分析 [J]. 北京林业大学学报，38（9）：16-24.

朱建中，1999. 赤松居群遗传多样性的研究 [D]. 济南：山东大学.

AHMAD R, POTTER D, SOUTHWICK S M,2004. Genotyping of peach and nectarine cultivars with SSR and SRAP molecular marker[J].Journal of American Society for Horticultural Science,129 (2):204-210.

BALAKRISHNAN R, NAIR N V, SREENIVASAN T V ,2000.A method for establishing a core collection of Saccharum officinarum L.Germplasm based on quantitative morphological data[J].Genetic Resources Crop Evolution,47: 1-9.

BALAS F C, OSUNA M D, DOM GUEZ G, et al., 2014.Ex situ conservation of underutilised fruit tree species: establishment of a core collection for Ficus carica L. using microsatellite markers (SSRs)[J].Tree Genetics & Genomes,10 (3):703-710.

BORATYNSKA K, JASIRISKA A K, CIEPLUCH E,2008. Effect of tree age on needle morphology and anatomy of Pines uliginosa and Pines silvestris-species-specific character separation during ontogenesis [J]. Flora,203(8):617-626.

BROWN A H D, FRANKEL O H, MARSHALL R D, et al. , 1989a.The case for core collections[M]//A H D BROWN, O H FRANKEL, R D MARSHAL, et al. The use of plant genetic resources. Cambridge, England: Cambridge University Press, 136–156.

BUDAK H, SHEARMAN R C, PARMAKSIZ I, et.al.,2004a. Molecular characterization of buffalo grass germplasm using sequence–related amplified polymorphism markers[J].Theor Appl Genet,108(2):328–334.

BUDAK H, SHEARMAN R C,GAUSSIN R E, et a1.,2004b. Application of sequence–related amplified polymorphism markers for characterization of turf grass species[J].HortScience,39 (5):955–958.

DANGASUK O G, PANETSOS K P, 2004. Altitudinal and longitudinal variations in Pinus bnutia (Ten.) of Crete Island,Greece;some needle,cone and seedtraits under natural habitats[J].Forest,27(3):269–284.

DICE L R,1945. Measures of the amount of ecological association between species[J].Ecology,26:297–302.

DIWAN, BAUCHAN G R, MCINTOSH M S,1995. A core collection for the United States annual Medicago[J].Crop Sci,34:279–285.

FITTER A H,1985. Functional significance of root morphology and root system architecture.Ecological Interactions in Soil: Plants,Microbes and Animals.Oxford: Blackwell Scientific Press,87–106.

FRANKEL O H, 1984. Genetic perspectives of germplasm conservation. Genetic manipulation: Impact on man and society[M]. Cambridge University Press, Cambridge,161–170.

GHAFOURI F, RAHIMMALEK M,2018. Genetic structure and variation in different Iranian myrtle (*Myrtus communis* L.) populations based on morphological, phytochemical and molecular markers [J]. Industrial Crops & Products,123:489–499.

GOWER J C,1971. A general coefficient of similarity and some of its properties[J]. Biometrics,27:857–872.

GRIME J P, CAMPBELL B D, MACKEY J M L, et al.,1991. Root plasticity,nitrogen capture and competitive.Plant Root Growth: An Ecological Perspective.Oxford: Blackwell Scientific Press,381–397.

GURUPRASAD R, KRISHNAN R, DANDIN S B, et al., 2014.Groupwise sampling: a strategy to sample core entries from RAPD marker data with application to mulberry[J].Trees, 28 (3):723–731.

HU J, ZHU J, XU H M,2000. Methods of constructing core collections by stepwise clustering with three sampling strategies based on the genotypic values of crops[J]. Theoretical and Applied Genetics,101(1–2):264–268.

JACCARD P,1900. Contribution au prbleme de l'immigration post–glaciaire de la flore a1pine[J].Bulletin de la Societe Vaudoise des Sciences Naturelles,37:547–579.

JACCARD P,1908. Nouvelles recherches sur la distribution florale[J].Bulletin de la Societe Vaudoise des Sciences Naturelles,44:223–270.

JAMES T, JIANPING W, BARRY G, et al., 2014.Phenotypic characterization of the Miami World Collection of sugarcane (*Saccharum* spp.) and related grasses for selecting a representative core[J].Genetic Resources and Crop Evolution, 61 (8):1581–1596.

JATIN K, VEENA A，2017. Analysis of genetic diversity and population genetic structure in Simarouba glauca DC. (an important bio–energy crop) employing ISSR and SRAP markers[J]. Industrial Crops & Products,100:198–207.

KOBAYASHI F, TANAKA T, KANAMORI H, et al., 2016.Characterization of a mini core collection of Japanese wheat varieties using single–nucleotide polymorphisms generated by genoty–ping–by–sequencing[J].Breeding science, 66 (2):213–25.

LI C T, SHI C H,WU J G, et al.,2004a.Methods of developing core collections based on the p–redicted genotypic value of rice(Oryza sativa L.)[J].Theoretical and Applied Genetics,108(6):1172–1176.

LI G, QURIOS C F,2001. Sequence related amplified polymorphism (SRAP)，a new marker system based on a simple PCR reaction:its application to mapping and gene tagging in Brassica[J].Theoretical and Applied Genetics,103(3): 455–461.

LI Z C, ZHANG H L, ZENG Y W, et al.,2002.Studies on sampling sc hemes for the establishment of core collection of rice landraces in Yunnan,China[J].Genet Resour and Crop Evol.,49:67–74.

MA F, J M F, CHEN L T, et al.,2009. Responses of Pinus tabulaeformis seedlingso different soil water moistures in ecophysiological characteristics.Acta Botanica Boreali Occidentalia Sinica,29(3):548–554.

MALOSETTI M, ABADIE T,2001. Sampling strategy to develop a core collection of Urugu–ayan maize landraces based on morphological traits[J].Genet.Resour.and Crop Evol.,48:381–390.

MARIETTE A, NASSER K Y, ERIC B K, et al., 2017. Genetic diversity and dore dollection for Potato (Solanum tuberosum L.) cultivars from Cameroon as revealed by SSR markers [J]. American Journal of Potato Research, 94 (4) : 449–463.

NAOKO M, MASAKO O, ATSUSHI W,2015. Construction of a core collection and evaluation of genetic resources for Cryptomeria japonica (Japanese cedar)[J].Journal of Forest Research, 20 (1):186–196.

NEI M, LI W H,1979. Mathematical models for studying genetic variation in terms of restriction endonucleases[J].Proc.Natl.Acad.Sci.USA,76:5269–5273.

PEAKALL R, SMOUSE P E,2006. GENALEX6:genetic analysis in Excel. Population genetic software for teaching and research[J].Molecular Ecology Notes,6(1):288–295.

PETER O, EVANS N N, JOEL L B,2018. Analysis of genetic diversity of passion fruit (Passiflora edulis Sims) genotypes grown in Kenya by sequence–related amplified polymorphism (SRAP) markers [J]. Annals of Agrarian Science ,16:367–375.

POREBSKI S, BAILEY L G, BAUM B R,1997. Modification of a CTAB DNA extraction protocol for plants containing high polysaccharide and polyphenol components[J].Plant Molecular Biology Reporter,15(1) :8–15.

RAEYMAEKERS J A M, VAN HOUDT J K J, LARMUSEAU M H D, et al.,2007. Divergent selection as revealed by PsT and QTI−based FsT in three−spined stickleback (Gasterosteus aculeatus) populations along a coastal−inland gradient [J]. Molecular Ecology,16(4):891−905.

REDDY L J, UPADHYAYA H D, GOWDA C L L, et al., 2005.Development of core collection in Pigeonpea(Cajanus cajan (L.) Millspaugh) using geographic and qualitative morphological descriptors[J].Genetic Resources and Crop Evolution, 52 (8):1049−1056.

RODINO A P, SANTALLAL M, RONL A M D, et al., 2003.A core collection of common bean from the Iberian pninsula[J].Euphytica,131:165−175.

ROHLF F J,1994. NTSYS−PC: Numerical taxonomy and multivariate analysis system, version 1.80.Setauket New York: Distribution by Exeter Software.

SANTIAGO P L, ANA M R C, TERESA B, et al., 2017. Database of European chestnut cultivars and definition of a core collection using simple sequence repeats [J]. Tree Genetics & Genomes, 13 (5):114.

SINGH A L, NAKAR R N, CHAKRABORTY K, et al., 2014.Physiological efficiencies in mini−core peanut germplasm accessions during summer season[J]. Photosynthetica,52 (4):627−635.

SOKAL R,1961. Distance as a measure of taxonomic similarity[J].Syst. Zool.,10(2):40−51.

SOKAL R R, MICHENER C D,1958. A statistical method of evaluating systematic relationships [J]. Univ.Kansas Sci.Bull.,38:1409−1438.

SORENSEN T,1948. A Method of establishing groups of equal amp1itude in plant sociology based on similarity of species content and its application to analyses of the vegetation on Danish commons[J].Biol Skrifter,5:1−4.

THIERRY L, FABIEN D B, HYACINTHE L, et al., 2014.Developing core collections to optimize the management and the exploitation of diversity of the coffee Coffea canephora[J].Genetica, 142 (3):185−199.

TULLU A, KUSMENOGLU I, MCPHEE K E, et al., 2001. Characterization of core collection of lentil germplasm for phenology, morphology, seed and straw yields[J]. Genetic Resources and Crop Evolution, 48(2): 143−152.

UPADHYAYA H D, REDDY K N, GOWDA C L L, et al., 2007.Phenotypic diversity in the pigeonpea (Cajanus cajan) core collection[J].Genetic Resources and Crop Evolution, 54 (6):1167−1184.

UPADHYAYA H D, SWANY B P, 2005.Identification of diverse groundnut germplasm through multi environment evaluation of a core collection for Asia[J]. Field Crop Research,93(2−3):293−299.

URBANIAK L, KARLINSKI L, POPIELARZ R,2003. Variation of morphologicalin needle characters of Scots pine(Pines silvesdzs L.) populations in different habitats[J]. Acta Societatis Botanicomm Poloniae,72(1):37−44.

VAIJAYANTHI P V, RAMESH S, BYRE GOWDA M, et al., 2016. Identification of trait–specific accessions from a core set of dolichos bean germplasm[J].Journal of Crop Improvement,30 (2):244–257.

VAN HINTUM T J L , BOTHMER R,VISSER D L,1995. Sampling strategies for composing a core collection of cultivated barley (Horduem vulgares L.)collected in China[J].Here–ditas,122:7–15.

WANG B S, ZHAO W, MAO J F, et. al., 2013.Impact of geography and climate on the genetic differentiation of the subtropical pine Pinus yunnanensis [J].Plos one, 8(6):1–15.

WANG J C, HU J, XU H M, et al., 2007b.A strategy on constructing core collections by least distance stepwise sampling. Theoretical and Applied Genetics,115(l):1–8.

WANG J C,HU J,LIU N N, et al., 2007a.Investigation of combining plant genotypic values and molecular marker information for constructing core subsets[J]. Journal of Integrative Plant Biology,48(11):1371–1378.

WANG X R, SZMIDT A E,1990b. Evolutionary analysis of Pinus densata masters,a purative tertiary hybrid A study using species–specific chloroplast DNA markers[J].Theor Appl Gene–t,80:641–647.

WANG X R, SZMIDT A E, 1990a. Evolutionary analysis of Pinus densata masters,a pura tive tertiary hybrid. Allozyme variation [J]. Theor Appl Genet, 80:635– 640.

WANG X R, SZMIDT A E,1994. Hybridiza tionand chloroplast DNA variation in a Pinus species complex from Asia[J].Evolution,8(4):1020–1031.

WARD J H,1963. Hierarchical gruoping to optimize an objective function [J]. J.Am.Stat.As–soc.,58:236–244.

WRIGHT S,1978. Evolution and the genetics of population, vol.4. Variability within and among natural populations[M]. Chicago: University of Chicago Press,97–159.

XU F, GUO W H, XU W H,*et al.*,2010. Effects of water stress on morphology,biomass allocation and photosynthesis in Robinia pseudoacacia seedlings. Journal of Beijing Forestry University,32(1):24–30.

XU H M,MEI Y J,HU J,et al.,2006.Sampling a core collection of island cotton(Gossypium barbadense L.)based on the genotypic values of fiber traits[J].Genetic Resources and Crop Evoluti–on,53(3):515–521.

XU Y, CHEN C S, JI DH,et al.,2016.Developing a core collection of pyropia haitanensis using simple sequence repeat markers[J].Aquacluture,351–356.

XU Y L, CAI N H,KEITH WOESTE et al.,2016.Genetic diversity and population structure of Pinus yunnanensis by simple sequence repeat markers [J].Forest Science, 62(1):38–47.

YOUNG JOON L, JEONG HWAN M, YOUNG MIN J,et al., 2018.Assembly of a radish core collection for evaluation and preservation of genetic diversity [J].

Horticulture, Environment, and Biotechnology, 59 (5):711–721.

ZEWDIE Y, TONG N, BOSLAND P, 2004. Establishing a core collection of Capsicum using a cluster analysis with enlightened selection of accessions [J]. Genetic Resources and Crop Evolution, 51(2): 147–151.

ZHANG Y F, ZHANG Q L, YANG Y,et al., 2009.Development of Japanese Persimmon core collection by genetic distance sampling based on SSR markers[J]. Biotechnology & Biotechnological Equipment, 23 (4):1474–1478.

ZHOU Z Y, LIANG Z S, LIU Q M,2010. Effects of soil water content on biomass and water consumption characteristics of wild jujube [*Zizyphusjujuba Mill* var. *spinosus* (Bunge) Hu ex H. F.Chou]. Journal of Northwest A & F University,38(8):90–96.

ZIN SUH K, CHEONG HO Y, SEOK WOO L,1994. Genetic variation and sampling strategy for conservation in pinus species [J].Seoul. Kwang Moon Kag,294–319.

附　　图

云南云龙材用云南松林　　　　　　　　　　　　西藏察隅材用云南松林

云南双柏材用云南松林

广西乐业材用云南松林

云南永仁材用云南松林

云南福贡材用云南松林